U0378949

高效使用 DeepSeek

卢森煌 著

机械工业出版社
CHINA MACHINE PRESS

图书在版编目（CIP）数据

高效使用 DeepSeek / 卢森煌著 . -- 北京 : 机械工业出版社 , 2025. 3（2025.5 重印）. -- ISBN 978-7-111-77876-9

Ⅰ. TP18

中国国家版本馆 CIP 数据核字第 2025904DU8 号

机械工业出版社（北京市百万庄大街 22 号　邮政编码 100037）

策划编辑：杨福川　　责任编辑：杨福川　董惠芝

责任校对：杨　霞　张慧敏　景　飞　　责任印制：张　博

北京联兴盛业印刷股份有限公司印刷

2025 年 5 月第 1 版第 7 次印刷

170mm × 230mm · 15.75 印张 · 1 插页 · 254 千字

标准书号：ISBN 978-7-111-77876-9

定价：69.00 元

电话服务

客服电话：010-88361066

010-88379833

010-68326294

网络服务

机　工　官　网：www.cmpbook.com

机　工　官　博：weibo.com/cmp1952

金　　书　　网：www.golden-book.com

机工教育服务网：www.cmpedu.com

前言

在当今数字化、智能化飞速发展的时代，AI 已成为推动全球变革的核心力量。从智能家居到自动驾驶，从医疗健康到金融服务，AI 正深刻地改变着我们的生活和工作方式。而 DeepSeek 作为这一领域的新星，正以其卓越的技术和广泛的应用前景，引领着 AI 发展的新潮流。

DeepSeek 的出现，恰逢 AI 技术发展的关键节点。传统 AI 大模型的高昂成本和复杂部署限制了它们的广泛应用，而 DeepSeek 通过技术创新，大幅降低了部署门槛与成本，使得 AI 普惠化成为可能。其独特的技术架构，如混合专家（MoE）模型和多头潜在注意力（MLA）机制，不仅使得模型性能提升，还优化了资源利用效率。此外，DeepSeek 的开源策略，更是激发了全球开发者社区的活力，加速了技术的迭代与创新。

从时代背景来看，DeepSeek 的崛起顺应了全球数字化转型的大趋势。随着大数据、云计算和物联网等技术的不断发展，数据已成为企业决策的核心驱动力。DeepSeek 凭借其强大的数据分析和处理能力，能够从海量数据中提取有价值的信息，为企业决策提供有力支持。同时，DeepSeek 在自然语言处理、图像识别等领域的出色表现，也使其在智能客服、内容创作、智能教育、医疗诊断等多个行业得到了广泛应用。

展望未来，DeepSeek 的发展前景一片光明。一方面，其技术将持续优化，如进一步提升自然语言处理能力、增强个性化响应以及与新兴技术的深度融合。另一方面，DeepSeek 的应用场景将不断拓展，从智能家居到智能交通，从文化创意到工业制造，其影响力将渗透到更多领域。随着技术的成熟和应用的普及，DeepSeek 有望重塑 AI 市场格局，推动整个行业向更高水平发展。

编写这本实操书，旨在为读者提供一份全面、深入且实用的指南，帮助大家更好地理解和应用 DeepSeek。无论你是技术开发者、企业决策者，还是对 AI 感兴趣的普通读者，本书都将为你打开一扇通往智能新时代的大门。让我们一起探索 DeepSeek 的无限可能，共同迎接一个更加智能、高效和创新的未来！

目录

|第1章| C H A P T E R

1

全面认识 DeepSeek

1.1 什么是 DeepSeek

DeepSeek 是一款由杭州深度求索人工智能基础技术研究有限公司开发的人工智能助手，具备强大的自然语言处理（NLP）、深度学习、多模态融合能力等，旨在为用户提供智能对话、精准翻译、创意写作、高效编程、智能解题以及文件解读等服务。

1. DeepSeek 的特点

（1）模型架构先进

DeepSeek 采用了先进的混合专家（Mixture of Experts，MoE）模型，实现高效推理和多任务处理能力。例如，DeepSeek V3 的参数量达到 671B（这里的 B 代表 10 亿），激活参数量为 37B，训练成本远低于同类模型，同时在多项基准测试中表现优异。

（2）开源、成本低

DeepSeek 的多个版本（如 DeepSeek LLM、DeepSeek V3 等）均开源，这使其在全球范围内受到广泛关注。此外，DeepSeek 的训练成本极低，例如 V3 模型仅需 280 万 GPU 小时，总成本约为 557.6 万美元，远低于其他顶级模型。

（3）多模态能力

DeepSeek 支持文本、图像、代码等多种格式的交互，覆盖科技、金融、教育等多个领域。

2. DeepSeek 的市场影响与竞争优势

（1）全球影响力

DeepSeek 在 2024 年迅速崛起，成为全球下载榜单中的热门应用之一。其 V3 版本在多项基准测试中超越了 GPT-4o 和 Claude 3.5 等顶级模型，显示出强大的竞争力和影响力。

（2）成本优势

与 OpenAI 等西方巨头相比，DeepSeek 的训练成本低，这使其在价格敏感的市场中更具吸引力。

（3）技术创新

DeepSeek 通过创新的多头潜在注意力（MLA）机制和 MoE 模型，实现了低精度训练模式下的高效率推理，进一步降低了硬件资源的需求。

3. DeepSeek 的应用场景举例

（1）金融领域

DeepSeek 被用于构建智能风控系统，通过对海量交易数据进行实时分析，可以及时发现潜在风险点并采取相应措施。例如，某大型银行反馈称，自引入 DeepSeek 后，信贷审批效率提高了近 40%，不良贷款率降低了约 15%。这不仅为企业节省了大量的人力和物力，还为客户提供了更加便捷优质的服务体验。

（2）医疗健康领域

- ❑ 疾病诊断：DeepSeek 利用其强大的自然语言处理能力，能够快速准确地解析病历资料，辅助医生做出诊断决策。这不仅提高了医疗诊断的准确性和效率，还为患者提供了更优质的医疗服务。
- ❑ 药物研发：DeepSeek 通过整合多模态 AI 技术与垂直领域知识库，可以加速新药的研发过程，提高研发效率和成功率。
- ❑ 医疗影像分析：DeepSeek 能够帮助医生更准确地分析和解读医疗影像数据，从而提高诊断的准确性。

（3）智能客服领域

智能客服系统接入 DeepSeek 后，能够提供更加自然、流畅的对话体验。例如，一汽丰田汽车销售有限公司借助腾讯云大模型知识引擎接入 DeepSeek，在智能客服场景深度应用，大幅提升了在线智能客服的服务效率和用户体验。

4. DeepSeek 的未来发展

（1）技术创新

- 模型性能提升：DeepSeek 将继续在大模型的研发上取得突破，特别是在语言模型和硬件布局方面。例如，DeepSeek V3 的发布标志着其在多领域取得显著进步，在百科知识、长文本、代码、数学和中文能力等方面的表现超越了多个主流开源模型。此外，DeepSeek V3 的生成速度比上一代提升了 3 倍，达到了 20 TPS（Tokens Per Second，每秒生成的 Token 数），使用更加流畅。
- 成本效益：DeepSeek 通过技术创新实现了成本革命，大幅降低了训练和推理成本。例如，DeepSeek-R1 的训练成本仅为 OpenAI 同版本的十分之一，推理成本低至每百万 Token 0.14 美元。这种低成本的优势使得 DeepSeek 在全球市场中具有较强的竞争力。
- 开源策略：DeepSeek 宣布开源其最新一代大模型 V3，这一举措不仅提升了其技术透明度，还吸引了更多开发者和企业的关注。开源策略有助于加速技术的迭代和应用，推动 AI 技术的普及和发展。

（2）市场扩展

- 国际市场进入：DeepSeek 计划进入国际市场，以满足全球对高性能、低成本人工智能技术和产品的需求。这将有助于 DeepSeek 在全球范围内扩大其影响力和市场份额。
- 本地化研发和推广：为了成功进入国际市场，DeepSeek 需要深入了解目标市场的文化和用户需求，进行本地化的产品研发和市场推广。这包括调整产品功能以适应不同国家和地区的特定需求，以及制定相应的市场策略。
- 多领域应用：DeepSeek 将继续深耕金融科技、医疗健康、智能制造、智慧城市和教育培训等领域，为各行业带来革命性的变化。DeepSeek 致力于提升多领域的生产力，通过不断优化和迭代产品，赋能千行百业。

1.2 DeepSeek 开源策略的影响

深度求索公司将其开发的人工智能模型 DeepSeek 及相关技术以开源的形式向公众开放，允许用户自由使用、修改和分发，能够带来多方面的影响。

1. 提升技术创新和生态构建能力

通过开源，DeepSeek 能够更好地满足市场对技术创新和开放生态的需求，从而促进自身软实力的提升。开源策略不仅提升了 DeepSeek 的技术实力，还推动了整个行业的发展，为行业注入了新的活力。

2. 降低使用门槛，促进全球普及

DeepSeek 采取了完全开源的策略，这不仅降低了用户的使用门槛，还让更多的开发者和企业能够以较低的成本获取和应用先进的 AI 技术，进一步推动了 AI 技术的普及和发展。

3. 打破西方垄断，重构全球竞争格局

DeepSeek 以更低的成本和更高的效率实现了技术突破，打破了西方垄断。开源策略不仅提升了 DeepSeek 在全球市场上的竞争力，还有助于全球科技竞争格局的重构。

4. 吸引全球开发者参与，构建全球化生态

通过开源，DeepSeek 吸引了大量开发者、合作伙伴和用户参与进来，共同推动技术的创新和发展。这种开放合作的模式不仅提升了 DeepSeek 的技术实力，还促进了全球范围内的技术交流与合作。

1.3 深度思考 R1 模式

DeepSeek 深度思考 R1 模式基于 V3 基础模型开发，通过冷启动和多阶段训练优化了模型的推理能力，解决了早期版本中出现的冷启动不稳定、语言混合等问题。

DeepSeek 深度思考 R1 模式在数学推理、代码编写、自然语言处理等任务中表现优异，性能接近 OpenAI 的 GPT-o1 模型。其核心特性如下。

1. 透明开放的思维链

R1 模式的一个显著特点是其思维链全开放，即用户可以查看模型在推理

过程中每一步的逻辑。这种设计不仅让模型的推理过程透明化，还帮助用户理解模型如何得出最终答案，从而提升用户的信任感和使用体验。

2. 强化学习与监督微调

R1 模式采用了强化学习（RL）与监督微调（SFT）相结合的方式进行训练。通过 RL，模型能够不断优化自身推理能力；而 SFT 则确保模型的输出更符合人类偏好。此外，R1 模型还引入了语言一致性奖励机制，进一步提升了推理结果的准确性和可读性。

3. 长思维链与反思验证

R1 模式支持长达数万字的思维链，能够进行多层次的反思和验证。这种特性使得 R1 在处理复杂逻辑推理任务时，能够提供更加全面、清晰且严谨的解答。

1.4　联网搜索

DeepSeek 的联网搜索能力是其最新版本（如 DeepSeek V3 ）的重要功能之一，这一功能通过深度学习和自然语言处理技术，使模型能够实时访问互联网，分析并整合海量网页信息，从而为用户提供更全面、准确和个性化的答案。

DeepSeek 的联网搜索功能的核心特性如下。

1. 基于深度学习和自然语言处理算法

DeepSeek V3 的联网搜索功能基于先进的深度学习和自然语言处理算法，能够快速提取用户问题中的关键信息，并在广泛的数据源中进行并行搜索，从而提供高质量的搜索结果。

2. 实时信息获取

用户可以通过网页端访问 DeepSeek V3 的联网搜索功能，实时获取互联网上的最新信息。这一功能特别适用于需要快速获取最新数据和信息的场景，如数学计算、代码编写、创意写作和角色扮演等。

3. 多源数据整合

DeepSeek V3 能够整合来自多个数据源的信息，并对其进行深度分析。这种多源数据整合能力使得 DeepSeek 能够提供更加准确和全面的搜索结果。

4. 并行搜索技术

在处理复杂问题时，DeepSeek V3 能够自动提取多个关键词并进行并行搜索，快速给出多样化的结果。这种并行搜索技术显著提高了搜索效率，减少了用户等待时间。

5. 用户体验优化

DeepSeek V3 的联网搜索功能不仅提供了静态知识，还赋予了 AI 模型动态获取信息的能力。用户在输入框下方选中“联网搜索”选项，即可开启联网搜索功能，享受实时信息更新和精准解答的便利。

1.5 文档处理

DeepSeek 在文档处理方面具有以下特点。

1. 支持多种格式的文档导入

DeepSeek 支持从多种数据源导入数据，包括 CSV、Excel、JSON 等，同时也支持通过本地文件、数据库和 API 进行数据导入。此外，用户还可以上传图片或文档，利用 DeepSeek 解析其中的文字内容。

2. 文本生成

用户将文档中的内容导入 DeepSeek 后，可以利用其强大的自然语言处理能力生成新的文本内容。例如，在 WPS 中，用户可以通过 OfficeAI 插件调用 DeepSeek 的功能，选中需要处理的文本后单击“生成”按钮，DeepSeek 会自动处理并生成所需内容，结果可以直接导出到文档中。此外，DeepSeek 还能将 Word 文档中的信息提取到 Excel 表格中，用于数据分析和整理。

3. 文档校对与润色

DeepSeek 可以对导入的文档进行校对和润色，帮助用户提高文档质量。例如，在 WPS 中，可以利用 OfficeAI 插件，实现文档校对、文案生成和翻译等功能。

4. 自动化办公与协作

DeepSeek 支持通过 API 与 Microsoft Office（如 Word、Excel、Outlook）

集成，用户可以通过 VBA 代码或 Power Automate 等工具实现自动化办公。例如，用户可以将 Word 文档中的表格数据导入 Excel 中进行分析，或者将邮件内容导入 DeepSeek 中生成摘要。

5. 文档批量处理与导出

DeepSeek 支持批量上传文档，并对每个文档进行处理。例如，用户可以一次性上传多个文档，DeepSeek 可以逐一解析并生成总结。同时，DeepSeek 支持将处理结果导出为多种格式，包括 CSV、PDF 和 BibTeX 等。

1.6　与其他顶级 AI 模型的区别

DeepSeek 与其他顶级 AI 模型的区别如下。

1. 数学推理

DeepSeek V3 在数学推理任务中表现出色，特别是在 MATH-500 测试中，其准确率达到了 96.8%，而 GPT-4o 的准确率为 87.3%。在 MATH-1000 测试中，DeepSeek V3 的准确率也显著高于 GPT-4o。

2. 代码生成

与其他顶级 AI 模型相比，DeepSeek V3 在代码生成任务中表现优异，能够以更低的成本获得不错的效果。

3. 多模态任务

与其他顶级 AI 模型相比，DeepSeek V3 在 MMLU（大规模多任务语言理解）、MMLU-Pro 等多模态任务中表现突出，接近甚至超越了 GPT-4o 和 Claude 3.5 Sonnet。

4. 训练成本

DeepSeek V3 的训练成本极低，预训练仅消耗 280 万 GPU 小时，总成本约为 557.6 万美元。相比之下，Claude 3.5 Sonnet 的训练成本为数千万美元。

|第 2 章| CHAPTER

DeepSeek 使用入门与提示词技巧

2.1 DeepSeek 的产品形态

DeepSeek 有 App、网页版、接口、私有化部署 4 种产品形态。这里只介绍 App 和网页版形态。

1. App

iOS 版：用户可以在苹果 App Store 上搜索 DeepSeek 下载官方版本。

安卓版：安卓用户可通过各大应用商店（如小米、华为、OPPO 等）搜索 DeepSeek 下载安装。

DeepSeek App 界面如图 2-1 所示。

2. 网页版

用户可以通过访问 DeepSeek 的官方网站（https://www.deepseek.com）进入网页版入口，如图 2-2 所示。部分功能不需要注册即可使用，例如简单的文本处理和对话功能。对于需要高级功能的用户，可以选择注册并登录以享受更多服务。

图 2-1　DeepSeek App 界面

图 2-2　DeepSeek 网页界面

2.2　DeepSeek 功能详解

DeepSeek 主界面功能区块拆解如图 2-3 所示。

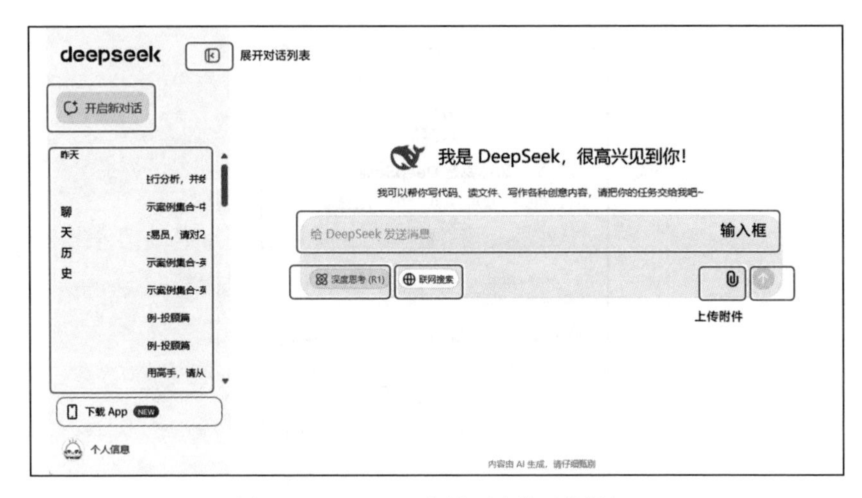

图 2-3 DeepSeek 主界面功能区块拆解

1. 展开对话列表

位于界面左上角 logo 的右侧，用该按钮可以展开或关闭对话列表，若想要画面纯净或在给他人演示时不想展示自己的对话历史，则可以点击该按钮来关闭对话列表。当要找到历史对话从而延续交流时，可以点击该按钮展开对话列表。

2. 开启新对话

在与 DeepSeek 交流过程中，如果要另起话题，可以点击左上角的“开启新对话”按钮来打开新的话题，否则容易出现 DeepSeek 反馈的内容不够纯净的情况。

3. 聊天历史

聊天历史在界面左侧，鼠标指针移到相应标题上，右侧会出现三个点，点击这三个点，可以修改该对话的名称，方便后续查找。当然，也可以选择将相应的对话删除。

4. 输入框

界面中间为输入框，在其中直接写入提示词，按回车键或点击输入框右下角的发送按钮，就能与 DeepSeek 进行对话。

5. 深度思考（R1）

在要探讨深刻问题时，记得打开输入框下方的“深度思考（R1）”，这样可以有更深入的内容反馈。

6. 联网搜索

在要探讨实时热点问题时，记得打开输入框下方的“联网搜索”，DeepSeek将从网络中获取最新资讯来融合出答案。

7. 上传附件

在发送按钮的左侧有个曲别针按钮，点击后可以访问本地文件并进行上传，DeepSeek将阅读文档并从中总结内容，而搭配如下类型的提示词将会有更好的效果。

- 总结信息：总结这份年报的三个核心要点。
- 形式转换：提取合同中的责任条款制成表格。
- 对比分析：对比文档A和文档B的市场策略差异。
- 数据提取：从实验报告中整理所有温度数据。

注意：超过50页的文档建议先拆分处理，PDF文件需确保文字可复制。

2.3 DeepSeek的对话技巧

DeepSeek是一种功能强大的AI对话工具，以下是关于DeepSeek对话技巧的总结。

2.3.1 提问技巧

1. 明确具体目标

提问时需明确需求、场景和限制条件。例如，如果需要撰写营销方案，可以提供行业、场景、格式等关键约束条件，如“写一份针对化妆品行业的促销方案，要求包含3种低成本工具”。

（1）技巧1：明确具体目标

× 错误示例：帮我写个方案。

缺陷诊断：缺少行业、场景、格式等关键约束条件。

☑正确示例：作为跨境电商创业者，我需要制定亚马逊新品推广方案，请按以下框架展开。

- 市场调研方法（要求包含3种低成本工具）。

❑ 推广阶段划分（分预热期、爆发期、长尾期）。

❑ 风险控制清单。

技巧说明：当我们对某项工作有方法可以依托时，应把方法告知 DeepSeek，否则 DeepSeek 会按照自己的思路去展开，这样会事与愿违。

（2）技巧 2：提供背景信息

× 错误示例："产品具有卓越性能"这句话怎么修改更好。

缺陷诊断：缺失产品类型、受众、使用场景等关键信息。

☑正确示例：我正在修改智能手环英文产品说明书，目标用户是北美户外运动爱好者。请将"产品具有卓越性能"改为以下具体内容。

❑ 包含防水等级及续航数据。

❑ 添加符合美国人认知的类比参照（如"续航堪比马拉松运动员的耐力"）。

❑ 使用激励性动词（如"征服极端环境"）。

技巧说明：做修改任务时要告知 DeepSeek 我们的修改目标及背景。

（3）技巧 3：分步拆解复杂问题

× 错误示例：如何从零开始做小红书账号？

缺陷诊断：问题过于宏大，易得到泛泛回答。

☑正确示例：请分三步指导新手运营家居类小红书账号。

步骤 1：冷启动期（0 ～ 500 个粉丝）必备动作清单。

步骤 2：爆款内容公式（含标题、封面、发布时间）。

步骤 3：1000 个粉丝后商业变现路径。

技巧说明：对于宏大的问题，建议先进行分拆，才会更容易得到优质的反馈结果。

2. 五大黄金法则

遵循五大黄金法则，包括明确需求、提供背景、指定格式、控制长度以及及时纠正。

（1）法则一：明确需求

× 错误示例：给我写点东西。

☑正确示例：我需撰写一封求职邮件，以申请新媒体运营职位，其中我将着重强调我所拥有的 3 年公众号运营经验。

（2）法则二：提供背景

× 错误示例：分析这个数据。

☑正确示例：这是一家炸鸡店过去五个月的销售数据，请分析每天不同时段的销量差异（附 CSV 数据）。

（3）法则三：指定格式

× 错误示例：给几个营销方案。

☑正确示例：请用思维导图形式列出三种“双 11”电商服装店促销方案，包含成本预估和预期效果。

（4）法则四：控制长度

× 错误示例：请详细说明 ××。

☑正确示例：请用少于 200 字解释量子物理，让完全不懂技术的小学生能听懂。

（5）法则五：及时纠正

当回答不满意时，可以说：

❑ 这个方案复杂度太高，请提供 3 人就能完成的版本。

❑ 请用更活泼的语气重写。

3. 分步骤提问

对于复杂问题，可以将问题拆分为多个步骤，逐步深入。下面以“DeepSeek 辅助论文撰写”为例进行介绍。

（1）阶段一：开题攻坚

1）找研究方向输入。

我是自动化专业本科生，请推荐 5 个适合毕业设计的 AGV 相关课题，要求：

❑ 具有创新性但不过于前沿。

❑ 需要仿真实验而非实物制作。

❑ 附相关参考文献查找关键词。

2）优化题目输入。

针对 ×× 课题怎么改更学术化？

3）上传 10 篇 PDF 文献进行对比。

请用表格对比各文献的研究方法，按“创新点、局限和可借鉴处”三列整理。

（2）阶段二：正文写作

1）方法描述。

请将这段实验步骤改写成学术被动语态：我们先用 CAD 画了模型，然后导入 ANSYS 做力学分析。

2）数据可视化。

请给出 3 种适合展示温度变化曲线的图表类型，并说明选择理由。

（3）阶段三：格式调整

请检查我的论文格式是否符合以下要求。

- ❑ 三级标题用 1.1.1 格式。
- ❑ 参考文献 [1] 需要补充 DOI 号。
- ❑ 所有图片添加居中的图 1-× 编号。
- ❑ 行距调整为 1 倍。

2.3.2 指令运用

1）续写：当回答中断时自动继续生成。

2）简化：将复杂内容转换成大白话。

3）示例：要求展示实际案例（特别是写代码时）。

4）步骤：让 AI 分步骤指导操作流程。

5）检查：帮你发现文档中的错误。

2.3.3 多轮对话

多轮对话是 DeepSeek 理解复杂问题的关键。在与它交流时，要注意保持对话的连贯性和逻辑性。比如，你在讨论一个项目策划，第一轮可以提问“帮我构思一个线上营销活动的初步方案”，得到方案后，第二轮可以接着问“针对这个方案，可能会遇到哪些风险，如何应对”，这样逐步深入，DeepSeek 就能在上下文的基础上，更准确地理解你的意图，提供更完善的回答。在多轮对话中，及时总结上一轮的内容，引导 DeepSeek 进入下一个讨论点，能让对话更加顺畅、高效。

2.3.4 优化对话体验

1. 使用“小学生”模式

与 DeepSeek 对话时，有时我们可能觉得 AI 的回答过于抽象。这其实源于传统 AI 模型过于注重结构化表达，结果都是“八股文”式的回答，我们可以借助 DeepSeek 的“小学生”沟通技巧，例如给它一个提示：“我是一名小学生，请用小学生能听懂的话解释什么是大模型。”

2. 调整生成长度

通过指定回答的字数范围（如 200 字以内、8 个段落、4 个案例），确保生成的内容简洁明了。

3. 及时反馈与修正

如果对回答不满意，可以通过“换个说法”或“更详细些”等指令优化答案。

2.4 DeepSeek 的提示词技巧

1. 身份 + 背景 + 目标 + 限制条件

“身份 + 背景 + 目标 + 限制条件”模板通过明确 DeepSeek 的身份、背景、目标以及限制条件，帮助 AI 更精准地理解任务需求。以模仿李白写诗为例，介绍 3 种进阶表达方式，实现更详细的操控。

（1）案例一：通用提示词模板——身份 + 目标

◎ 提示词

你是李白，请以李白的风格和口吻写一首有关春节的七律。

◎ DeepSeek 回复

《七律 · 元日醉歌》

天风吹我下琼楼，

携酒狂歌醉九州。

爆竹千声惊玉兔，

桃符万点映金瓯。

山河锦绣春来早，
日月辉煌岁已周。
且向乾坤倾北斗，
明朝更上九天游！

注：此诗以李白豪放不羁的口吻，借天风、琼楼、北斗等意象，将春节的喜庆与个人的超然融为一体，末句“明朝更上九天游”更是展现了李白式的浪漫与豪情。

（2）案例二：通用提示词模板——身份 + 背景 + 目标

◎ 提示词

你是李白，目前正被流放夜郎，请以李白的风格和口吻写一首有关春节的七律。

◎ DeepSeek 回复

《七律 · 夜郎元日感怀》

夜郎风急雪漫天，
孤影寒灯对旧年。
万里江山空入梦，
千杯浊酒醉成眠。
故园桃李应新发，
客路云山几度迁。
且向东风倾玉盏，
明朝归去弄渔船。

注：此诗借孤影寒灯、千杯浊酒等意象，表达了李白身处异乡的孤寂以及他对故园的思念。末句“明朝归去弄渔船”则透露出李白式的洒脱与对自由的向往，虽处逆境，仍不失豪情。

（3）案例三：通用提示词模板——身份 + 背景 + 目标 + 限制条件

◎ 提示词

你是李白，目前正被流放夜郎，请以李白的风格和口吻写一首有关春节的七律，严格遵循律诗的格律要求，包括平仄、押韵和对仗。其中，颔联（第三、四句）和颈联（第五、六句）必须对仗工整，词性相对、结构相似、平仄相对。

◎ DeepSeek 回复

《七律·流夜郎闻元日》

夜郎流落岁将穷，瘴雨蛮烟一孤蓬。

爆竹惊残千里梦，屠苏醉醒五更风。

柳眼初开春水绿，梅魂欲断晓霞红。

南冠客里逢新历，空负扶摇北海鹏。

注：我的仿作以李白流放夜郎为背景，通过“爆竹惊残”“屠苏醉醒”的工整对仗，既体现节日特征又暗含谪居之痛。颈联“柳眼初开”与“梅魂欲断”形成时空张力，尾联“南冠客”用《左传》囚徒典，结句用《逍遥游》大鹏意象，在严守平水韵（一东）及七律格律的基础上，再现李白雄奇飘逸、托物寄怀的诗风。

2. 角色锚定法

角色锚定法通过设定身份和场景，提升方案的适用性。

× 错误示例：如何提高工作效率。

☑正确示例：作为 GTD 认证时间管理教练，请为经常进行跨时区会议的跨国团队设计每日 3 小时的深度工作保护方案。

3. 反幻觉验证

反幻觉验证通过数据锚点验证 AI 生成内容的真实性，确保输出结果符合预期。例如，在生成新闻报道时，要求 DeepSeek 提供事实来源的验证。

× 错误示例：分析我的时间使用情况。

☑正确示例：基于 RescueTime 连续两周的屏幕使用数据，按《深度工作》一书中的四象限法分类，并说明统计显著性验证方法。

4. 模式嵌套法

模式嵌套法结合多种模型特性，实现复杂任务。

- ❑ 单模型：用艾森豪威尔矩阵规划任务。
- ❑ 嵌套模型：在四象限法基础上，叠加《番茄工作法图解》一书中的注意力周期律动，整合《搞定》一书中的每周回顾机制。

5. 增量修正协议

增量修正协议根据约束条件动态调整方案，使生成内容更灵活。

初始方案：每周 40 小时工作计划。

修正：若新增 3 小时通勤时间但必须保证 7 小时睡眠，如何重新分配学习、工作和运动模块？需提供调整后的昼夜节律匹配度评估。

6. 四要素黄金模板

四要素黄金模板包括身份锚点、任务蓝图、质量坐标和避坑指南。例如："你是一位资深留学文书导师，需要将客户访谈录音转化为会议纪要。"这种模板可以帮助用户明确任务目标和评估标准。

- ❑ 身份锚点：校准 AI 的对话视角，如"你是一位资深留学文书导师"。
- ❑ 任务蓝图：明确核心目标 + 关键步骤，如"需要将客户访谈录音转化为会议纪要"。
- ❑ 质量坐标：设定评估标准与交付规格，如"输出包含 3 个优化版本，每版不超过 20 字"。
- ❑ 避坑指南：划定创作边界，如"避免使用专业医学术语"。

7. 借助不同类型的提示词

（1）决策型提示词

◎ 提示词

为降低物流成本，现有两种方案：

1）自建区域仓库（初期投入高，长期成本低）。

2）与第三方合作（按需付费，灵活性高）。

请根据 ROI 计算模型，对比 5 年内的总成本并推荐最优解。

技巧：在最后一句话中，明确了对比方法" ROI 计算模型"，让 DeepSeek 按我们的思路来分析。

（2）分析型提示词

◎ 提示词

分析近三年新能源汽车销量数据（附 CSV），说明：

1）增长趋势与政策关联性。

2）预测 2025 年市场占有率，需使用 ARIMA 模型并解释参数选择依据。

技巧：上传了 CSV 文件，告知了具体的分析模型 ARIMA。

（3）创造型提示词

◎ 提示词

设计一款智能家居产品，要求：

1）解决独居老人安全问题。

2）结合传感器网络和 AI 预警。

3）提供三种不同技术路线的产品方案。

技巧：列好产品要求，让 DeepSeek 产出。

（4）验证型提示词

◎ 提示词

以下是某论文结论："神经网络模型 A 优于传统方法 B。"请验证：

1）实验数据是否支持该结论。

2）检查对照组设置是否存在偏差。

3）重新计算 p 值并判断显著性。

技巧：把验证的具体方法进行了展开。

（5）执行型提示词

◎ 提示词

将以下 C 语言代码转换为 Python 语言代码，要求：

1）保持时间复杂度不变。

2）使用 NumPy 优化数组操作。

3）输出带时间测试案例的完整代码。

技巧：通过补充更多的要求，把之前执行提示词时发现的问题给避开。

|第3章| CHAPTER

使用 DeepSeek 高效办公

3.1 辅助邮件撰写

DeepSeek 在辅助邮件撰写方面展现了独特的赋能能力，主要具备以下特点。

1. 快速生成邮件内容

DeepSeek 可以根据用户提供的主题、场景和语气要求，快速生成邮件文本。无论是商务合作邮件、请假申请邮件还是节日祝福邮件，它都能生成合适的内容，用户只需补充具体信息，如收件人和主题等。

2. 适应多种邮件风格和场景

DeepSeek 能够根据不同的邮件场景和语气要求，生成正式、友好或创意化的邮件内容。例如，在外贸询盘回复中，它可以快速提取关键信息，洞察客户需求，并生成精准、专业的回复邮件。

3. 提升撰写效率

通过输入简单的提示词或关键信息，DeepSeek 能够迅速构建邮件的内容框架，帮助用户节省时间和精力。这种高效的内容生成能力使得邮件撰写变得更加轻松。

4. 个性化与定制化

如果用户有特定的写作风格或邮件模板需求，DeepSeek 可以通过自定义知识库的方式，学习用户的写作风格和偏好，从而生成更符合个人或企业风格的邮件。

5. 语言和逻辑优化

DeepSeek 能够生成逻辑清晰、语言流畅的邮件内容，还可以根据用户的需求进行进一步的优化和调整。这有助于提升邮件的专业性和可读性。

6. 多语言翻译支持

DeepSeek 还支持多语言翻译，能够帮助用户跨越语言障碍，撰写和翻译不同语言的邮件。

请看下面的实战案例。

◎ 提示词

请写邮件：收件人是“**”，主题是“关于酒店投资项目合作的邀请”，邮件正文需要包含以下要点——背景“我们公司正在寻找新的合作伙伴，贵公司在行业内的声誉让我们非常感兴趣”，邮件重点“邀请贵公司参与我们即将启动的项目合作”，行动项“项目详情将在下周的会议中讨论，请确认您是否能参加 1 月 15 日下午 3 点的会议”，邮件整体风格要正式，字数控制在 500 左右。

◎ DeepSeek 回复

（1）邮件主题：关于酒店投资项目合作的邀请

尊敬的张伟先生：

您好！

（2）背景说明

我谨代表 [您的公司名称]，向贵公司致以诚挚问候。我司长期深耕酒店投资领域，致力于通过优质资源整合推动行业创新发展。近期，我们正在筹划一项战略性酒店投资项目，并积极寻求具有行业影响力的合作伙伴。贵公司在酒店运营及资产管理领域的卓越声誉与成功经验，令我们深感钦佩，也与我们此次项目的战略目标高度契合。

（3）合作邀请

基于对贵公司专业能力的充分认可，我们诚挚邀请贵公司参与此次项目的合作开发。该项目计划于[城市/地区]打造一座集高端住宿、商务会议及休闲服务于一体的综合性酒店，预计总投资规模达[金额]，目标客群覆盖[目标客群描述，如“商务精英及高端旅游市场”]。我们相信，贵公司的行业洞察力与运营经验将为项目注入核心价值，实现双方资源共享与互利共赢。

（4）行动项

为推进合作细节的深入探讨，我司拟定于2024年1月15日（周一）下午3:00召开项目启动会议（会议形式：线上/线下，地址：[具体地址或链接]）。届时，我们将就项目规划、投资结构、收益分配等关键议题进行详细说明，并期待听取贵方的专业意见。

请您协助确认以下事项：

❑ 贵方是否可如期参会；

❑ 需我方提前准备的具体资料或支持需求。

（5）下一步安排

如您确认出席，我们将在会议前3个工作日发送议程及相关材料。若时间安排存在冲突，请随时与我们联系，以便协调其他时段。

（6）联系方式

如有任何疑问，欢迎通过以下方式与我们联络：

电话：[您的联系电话]

邮箱：[您的邮箱地址]

（7）结语

我们深知贵公司时间宝贵，衷心感谢您对此事的关注与支持。期待与贵公司携手，共同开拓酒店投资领域的新机遇！

顺祝商祺，

[您的姓名]

[您的职位]

[您的公司名称]

[公司地址]|[公司官网链接]

注意事项：

1）请替换方括号内的内容（如公司名称、地址等）为实际信息；

2）若需突出项目优势，可补充具体数据（如“预计年回报率X%”“已锁定核心地段”）;

3）正式邮件建议使用公司正式名称发送。

3.2 会议纪要生成

DeepSeek在会议纪要生成方面展现了独特的赋能能力，主要具备以下特点。

1. 快速生成会议纪要内容

DeepSeek可以根据会议记录、录音或关键议题，快速生成结构化的会议纪要。无论是内部会议、项目讨论还是跨部门协作会议，它都能提取关键信息，生成清晰、简洁的纪要内容，用户只需进行简单的审核和补充。

2. 适应多种会议场景和风格

DeepSeek能够根据会议的性质和要求，生成正式、详细或简洁的会议纪要。例如，在高层战略会议中，它可以生成重点突出、逻辑严谨的纪要；在日常项目会议中，则可以生成简洁明了、易于执行的记录。

3. 提升生成效率

通过输入会议的主题、参会人员和关键议题，DeepSeek能够迅速构建会议纪要的框架，自动提取关键信息并生成文本。这种高效的内容生成能力可以大大节省整理会议纪要的时间和精力，让会议参与者能够更专注于会议本身。

4. 个性化与定制化

如果用户有特定的会议纪要模板或风格需求，DeepSeek可以通过自定义知识库的方式，学习用户的格式和偏好，从而生成更符合个人或企业风格的会议纪要。

5. 内容优化与校对

DeepSeek生成的会议纪要不仅逻辑清晰、语言流畅，还能根据用户的需求进行进一步的优化和调整。它还可以帮助用户检查语法错误和拼写问题，从而确保会议纪要的专业性和准确性。

6. 多语言生成和翻译支持

DeepSeek 支持多语言生成和翻译，能够帮助用户跨越语言障碍，生成不同语言版本的会议纪要，尤其适用于跨国会议或国际项目团队。

请看下面的实战案例。

◎ 提示词

请根据以下会议记录内容，生成会议纪要。主题为“市场推广策略讨论”，时间“2025 年 2 月 8 日，上午 10:00 ～ 12:00”，参会人员“市场部经理李明、销售主管王丽、产品经理赵强”，议题有“新产品的市场定位、推广渠道选择、预算分配”，结论分别如下。

- 新产品的市场定位：确定目标客户群体为年轻上班族，强调产品的便捷性和创新性。
- 推广渠道选择：优先考虑社交媒体和线下活动，预算分配情况为市场部提出预算为 100 万元，最终决定先分配 80 万元用于初期推广。
- 最后确定的下一步行动及责任人是“李明负责社交媒体推广方案的制定，王丽负责线下活动的策划，赵强负责产品宣传资料的准备，计划在下周提交初步方案”。

生成的纪要要条理清晰、简洁明了，重点突出，字数 2000 字以内。

◎ DeepSeek 回复

会议纪要

会议主题：市场推广策略讨论

会议时间：2025 年 2 月 8 日，上午 10:00 ～ 12:00

参会人员：市场部经理李明、销售主管王丽、产品经理赵强

会议地点：公司会议室 A

1. 会议议题及讨论内容

本次会议围绕“新产品市场推广策略”展开，重点讨论了以下 3 个议题。

1）新产品的市场定位

2）推广渠道选择

3）预算分配

2. 议题讨论及结论

（1）新产品的市场定位

1）讨论内容：产品经理赵强首先介绍了新产品的核心功能，包括便捷性和创新性。参会人员一致认为，新产品的市场定位应聚焦于年轻上班族群体，这一群体对高效、便捷的产品有较高需求，且对新事物的接受度较高。

2）结论：确定目标客户群体为年轻上班族，市场推广中需重点突出产品的便捷性和创新性，以吸引目标用户的关注和购买欲望。

（2）推广渠道选择

1）讨论内容：市场部经理李明提出，社交媒体（如微信、微博、抖音等）是年轻上班族的主要信息获取渠道，建议优先考虑社交媒体推广。销售主管王丽补充，线下活动（如快闪店、体验会）能够增强用户对产品的直观体验，建议结合线上推广同步推进。

2）结论：推广渠道以社交媒体和线下活动为主，具体方案如下。

- 社交媒体：通过短视频、KOL合作、精准广告投放等方式进行推广。
- 线下活动：策划快闪店、产品体验会等活动，增强用户互动和品牌认知。

（3）预算分配

1）讨论内容：市场部提出初步预算为100万元，用于市场推广的各个方面。经过讨论，参会人员认为初期推广应控制成本，优先保障核心渠道的投入，后续根据推广效果再追加预算。

2）结论：最终决定先分配80万元用于初期推广，具体分配如下。

- 社交媒体推广：50万元
- 线下活动：20万元
- 宣传资料制作：10万元
- 剩余20万元作为备用资金，根据推广效果灵活调整。

3. 下一步行动及责任人

会议明确了下一步的行动计划及责任人，具体如下。

- 李明：负责社交媒体推广方案的制定，包括KOL合作、广告投放策略等，计划下周提交初步方案。

- ❑ 王丽：负责线下活动的策划，包括快闪店选址、活动流程设计等，计划下周提交初步方案。
- ❑ 赵强：负责产品宣传资料的准备，包括产品手册、宣传视频等，计划下周提交初步方案。

4. 会议总结

本次会议明确了新产品的市场定位、推广渠道及预算分配，并制定了详细的下一步行动计划。参会人员一致认为，本次讨论为后续推广工作奠定了坚实基础，后续将根据计划稳步推进，确保新产品成功上市。

会议纪要撰写人：×××

审核人：李明

日期：2025年2月8日

附件：

- ❑ 会议议题清单
- ❑ 预算分配表（初稿）
- ❑ 下一步行动计划表

另外的方法，就是开会同时进行录音，之后向DeepSeek上传录音文件，并发指令：提取关键决策：用【决议事项】【责任人】【时间节点】三栏表格呈现，加粗标注有争议的内容。

还可以继续追问：把会议内容转化为SMART原则任务清单，标注需要跨部门协作的事项。

3.3 PPT大纲自动生成

DeepSeek在PPT大纲自动生成方面展现了独特的赋能能力，主要具备以下特点。

1. 快速生成PPT内容

DeepSeek可以根据用户提供的主题、核心内容或大纲，快速生成PPT的文本框架和关键信息。无论是商务汇报、学术演讲，还是培训课程，它都能生成结构清晰、内容丰富的 PPT 初稿，用户只需根据需求进一步完善和美化。

2. 适应多种 PPT 场景和风格

DeepSeek 能够根据不同的演讲场景和需求，生成正式、创意或简洁风格的 PPT 内容。例如，在商务汇报中，它可以生成专业、数据驱动的 PPT；在创意分享中，它可以生成更具视觉冲击力和设计感的内容。

3. 提升生成效率

通过输入主题、关键点或目标受众，DeepSeek 能够迅速构建 PPT 的结构，自动生成标题页、目录页、内容页和总结页等基础框架。这种高效的内容生成能力可以大大节省制作 PPT 的时间，让用户更专注于演讲内容的打磨。

4. 个性化与定制化

如果用户有特定的 PPT 模板或风格需求，DeepSeek 可以通过自定义知识库的方式，学习用户的偏好和设计风格，从而生成更符合个人或企业风格的 PPT。例如，它可以融入公司标志、配色方案和字体风格。

5. 内容优化与逻辑梳理

DeepSeek 生成的 PPT 内容不仅逻辑清晰、语言简洁，还能根据用户的需求进行进一步的优化和调整。它可以帮助用户梳理信息，确保 PPT 的重点突出、层次分明，同时避免冗余内容。

6. 多语言生成和翻译支持

DeepSeek 支持多语言生成和翻译，能够帮助用户跨越语言障碍，生成不同语言版本的 PPT，尤其适用于跨国会议、国际学术交流或多语言培训场景。

请看下面的实战案例。

◎ 提示词

请以人工智能医疗投资为主题，用 Markdown 格式生成一份 PPT 大纲及各页简要内容。需包含封面、目录、人工智能在医疗诊断中的应用、在疾病治疗中的应用、面临的挑战、未来发展趋势、投资机遇、总结页，语言简洁专业，突出关键数据和案例。

◎ DeepSeek 回复

人工智能医疗投资分析报告

日期：2025 年 02 月 12 日

作者：××× 研究院

目录

---

1. 人工智能在医疗诊断中的应用

（1）核心内容

1）影像识别：AI 通过深度学习分析医学影像（X 光、CT、MRI），在乳腺癌、肺癌等疾病诊断中准确率超专业医生。

2）基因与病理分析：基于患者基因数据和历史病例，AI 预测疾病风险并辅助制定个性化筛查方案。

3）远程医疗：解决偏远地区医疗资源不足问题，如 AI 辅助远程诊断和健康监测。

（2）案例

1）医渡科技整合 DeepSeek 大模型至“AI 医疗大脑”，提升影像诊断效率。

2）2019 年中国 AI 医疗诊断市场规模达 100 亿元，2025 年预计突破 1000 亿元（年复合增长率 30%）。

---

2. 人工智能在疾病治疗中的应用

（1）核心内容

1）个性化治疗：AI 分析基因信息为癌症患者推荐靶向药物，优化治疗方案。

2）药物研发：AI 缩短药物研发周期，降低成本（如 DeepSeek 使研发成本降低 4 倍，速度提升 1.6 倍）。

3）康复管理：通过智能设备监测患者康复进度，动态调整方案。

（2）案例

1）美国 Tempus AI 通过多组学数据分析，为药企提供精准研发支持。

2）恒瑞医药将 DeepSeek 纳入年度考核，加速 AI 在药物研发中的应用。

---

3. 面临的挑战

核心内容

1）数据隐私与安全：医疗数据敏感性高，需防范泄露风险（如欧盟 GDPR 合规要求）。

2）算法偏见：训练数据偏差可能导致诊断结果不公平（如特定人群误诊率上升）。

3）政策与法规滞后：技术发展快于监管，需完善 AI 医疗设备认证标准（如中国《人工智能辅助医疗设备注册管理办法》）。

4）医患信任：患者对 AI 决策透明度的疑虑影响技术落地。

---

4. 未来发展趋势

（1）核心内容

1）AI 与医生协同：AI 承担数据分析和初步诊断，医生专注治疗与患者沟通。

2）多模态数据融合：整合影像、基因、电子病历等多维度数据，提升诊断精准性。

3）基层医疗下沉：AI 赋能县域医院，缩小城乡医疗资源差距（如中国政策推动 AI 基层试点）。

（2）预测数据

2025 年 AI 药物研发市场规模将达 200 亿元，占医疗 AI 总市场 20%。

---

5. 投资机遇

（1）核心方向

1）高增长领域：医学影像（联影医疗、万东医疗）、药物研发（华大基因、晶泰科技)、健康管理(平安好医生)。

2)政策红利:中国设立人工智能产业基金,地方税收优惠(如北京、上海专项补贴)。

(2)数据支撑

1)2025 年中国医疗 AI 市场规模预计达 1200 亿元,辅助诊断占比超 40%。

2)全球 AI 医疗投资年均增速 25%,亚太地区为增长核心。

---

6. 总结

核心观点

1)技术驱动:AI 在诊断、治疗、管理全流程中释放效率红利。

2)政策与需求双支撑:老龄化与慢性病推动刚需,国家战略持续加码。

3)长期价值:AI 医疗赛道具备高壁垒与强延展性,建议关注头部企业与细分领域创新者。

3.4 Excel 公式生成

DeepSeek 在 Excel 公式生成方面展现了独特的赋能能力,主要具备以下特点。

1. 数据导入自动化

DeepSeek 可以实现从文件或数据库到 Excel 的数据自动导入。

- 从文件导入:用户可以通过自然语言指令,将 CSV 等格式的文件数据导入 Excel 的新工作表中。例如,指令“将 sales_data.csv 文件中的数据导入 Excel 的新工作表中,数据分隔符为逗号”,DeepSeek 会自动完成导入。
- 从数据库导入:对于存储在数据库中的数据,DeepSeek 也能通过指令连接数据库并导入数据。例如,从 MySQL 数据库中导入销售数据到 Excel。

2. 数据清洗自动化

DeepSeek 能够自动执行数据清洗任务,包括去除重复数据、处理缺失值、纠正错误数据格式等，从而确保数据的准确性和完整性。

3. 智能公式生成

用户可以通过指令要求 DeepSeek 生成复杂的 Excel 公式。例如，生成用于查找某列数据最大值的公式，或快速实现某区域数据求和的公式。

4. 高效数据处理

DeepSeek 借助强大的 AI 算力，能够快速提取关键数据并完成复杂计算。例如，定位某列最大值所在行，并提取该行其他列的数据，大大节省人工筛选和计算的时间。

5. 自动创建数据透视表和可视化图表

DeepSeek 可以自动创建数据透视表和可视化图表，帮助用户快速分析数据并生成报告。

- 创建数据透视表：根据用户指令，DeepSeek 可以创建数据透视表，汇总和分析数据。
- 创建可视化图表：DeepSeek 可以生成柱状图、折线图、饼图等可视化图表，并根据需求进行样式优化。

6. 自动化任务调度

DeepSeek 可以结合操作系统的任务调度工具（如 Windows 任务计划程序或 Linux 的 Cron），实现定时任务的自动化执行。例如，每天自动更新数据、生成报表并发送报告。

7. 多样化办公

除了上述功能，DeepSeek 还可以实现 AI 对话、文案写作、文本校对、精准翻译等功能，满足多样化的办公需求。

请看下面的实战案例。

◎ 提示词

帮我写公式：提取 A 列区域为“华东区”且 D 列销售额前 5 名的产品名称。

◎ DeepSeek 回复

在 Excel 中，可以使用数组公式结合 IF、INDEX、MATCH 和 LARGE 函数来提取满足条件的前 5 名产品名称。以下是具体的公式和步骤。

1. 公式

假设你的数据范围是 A2:D100，其中：

- A 列为地区名称
- D 列为销售额
- C 列为产品名称

可以使用以下数组公式：

Excel 复制

=INDEX(C2:C100, MATCH(LARGE(IF(A2:A100=" 华东区 ", D2:D100), ROW(1:5)), IF(A2:A100=" 华东区 ", D2:D100), 0))

2. 操作步骤

(1) 输入公式

- 在 Excel 中选择一个单元格（例如 F2），输入上述公式。
- 输入公式后，不要直接按 Enter 键，而是同时按下 Ctrl + Shift + Enter 键，将其作为数组公式输入。Excel 会自动在公式两端添加大括号 {}。

(2) 向下填充

- 将鼠标指针移到输入公式的单元格右下角，直到指针变成黑色十字。
- 按住鼠标左键向下拖动，填充公式到 F6 单元格。

3. 公式说明

- IF(A2:A100=" 华东区 ", D2:D100)：筛选出 A 列中地区为“华东区”的销售额。
- LARGE(…, ROW(1:5))：获取筛选后销售额的前 5 名。
- MATCH(…, IF(A2:A100=" 华东区 ", D2:D100), 0)：找到销售额前 5 名在筛选后销售额中的位置。
- INDEX(C2:C100, …)：根据位置返回对应的产品名称。

4. 注意事项

- 确保数据范围正确，例如 A2:A100 和 D2:D100 应与实际数据范围一致。
- 如果数据量较大，数组公式可能会导致 Excel 运行较慢。

通过上述公式，你可以提取出A列区域为“华东区”且D列销售额前5名的产品名称。

◎ 提示词

我需要一个Excel公式来实现以下功能：计算A列和B列的和，并显示在C列。请提供完整的公式，并简要解释公式的逻辑和使用方法，确保公式适用于Excel 2019及以上版本。

◎ DeepSeek回复

以下是实现该功能的Excel公式及其说明。

公式为 =A1+B1

（1）公式逻辑

- ❑ 该公式将A1单元格中的数值与B1单元格中的数值相加。
- ❑ 公式中的单元格引用（如A1和B1）是相对引用，这意味着当你将公式复制到其他单元格（例如C2、C3等）时，公式会自动调整为引用相应行的单元格（如A2+B2、A3+B3等）。

（2）使用方法

- ❑ 在C1单元格中输入上述公式。
- ❑ 按下回车键后，C1单元格会显示A1和B1的和。
- ❑ 若要对整列进行计算，可以将C1单元格中的公式向下拖动填充到需要的行，例如从C1拖动到C10，即可计算A1+A2到A10+B10的和。

（3）注意

- ❑ 确保A列和B列中的数据是数值类型，否则公式可能会返回错误值。
- ❑ 如果需要对特定的行范围进行计算，可以在公式中指定具体的行，例如计算A2+B2到A20+B20的和时，只需确保公式覆盖了C2到C20的单元格。

◎ 提示词

有两张表：表1是[项目名称、申请日期、报销金额]，表2是[项目名称、所属部门]。请生成一个公式，统计市场部在2023年1～6月期间，每个项目的总报销金额，结果按金额从高到低排序。

◎ DeepSeek 回复

在 Excel 中，可以使用动态数组公式和函数组合来实现这一统计和排序需求。以下是具体的公式和操作步骤。

假设表 1 的数据范围是 A1:C100（项目名称在 A 列，申请日期在 B 列，报销金额在 C 列），表 2 的数据范围是 D1:E100（项目名称在 D 列，所属部门在 E 列）。

1. 公式

将以下公式输入到一个新的单元格中：

```
Excel 复制
=SORT(
    LET(
        market_projects, UNIQUE(FILTER(D2:D100, E2:E100=" 市场部 ")),
        total_reimbursment, SUMIFS(
            C2:C100,
            A2:A100, market_projects,
            B2:B100, ">="&DATE(2023,1,1),
            B2:B100, "<"&DATE(2023,7,1)
        ),
        results, HSTACK(market_projects, total_reimbursment),
        results
    ),
    2,
    -1
)
```

2. 操作步骤

（1）输入公式

❑ 将上述公式输入结果区域的起始单元格（例如 F2）。

❑ 如果 Excel 版本较新，支持动态数组公式，公式会自动填充。

（2）解释公式

❑ LET 函数用于定义和重用变量。

❑ FILTER 函数筛选出表 2 中市场部的项目名称。

❑ UNIQUE 函数确保项目名称唯一。

❑ SUMIFS 函数计算市场部项目在 2023 年 1 ～ 6 月的总报销金额。

❑ HSTACK 函数将项目名称和总报销金额组合成表格。

❑ SORT 函数按报销金额从高到低排序。

3. 注意事项

- 确保日期格式正确，公式中使用的是 DATE(2023,1,1) 和 DATE(2023,7,1)，表示 2023 年 1 月 1 日至 2023 年 6 月 30 日。
- 如果数据范围较大，公式可能需要调整范围（如将 A2:A100 替换为实际范围）。

通过上述公式，你可以得到市场部在 2023 年 1 ～ 6 月期间每个项目的总报销金额，并按金额从高到低排序。

3.5 数据分析报告撰写

DeepSeek 在数据分析报告撰写方面展现了独特的赋能能力，主要具备以下特点。

1. 快速生成报告框架

DeepSeek 可以根据用户提供的数据和需求，快速生成数据分析报告的框架。用户只需输入数据来源（如 Excel 表格、CSV 文件）和分析目标（如市场趋势分析、销售数据总结），DeepSeek 就能生成包含关键指标、趋势分析和建议措施的完整报告。

2. 自动化数据处理与清洗

在撰写报告前，DeepSeek 能够自动完成数据清洗，包括处理缺失值、检测异常值和统一数据格式。例如，它可以自动识别并填充缺失字段，或通过统计模型标记异常数据。

3. 深度数据分析

DeepSeek 支持复杂的数据分析任务，能够进行趋势分析、相关性分析和预测建模。它可以根据用户的需求，生成包含数据图表和深度推理过程的报告，帮助用户快速洞察数据背后的规律。

4. 生成可视化图表

DeepSeek 可以将数据分析结果转化为直观的可视化图表，如柱状图、折线图和饼图。用户只需指定数据维度和图表类型，DeepSeek 就能生成对应的图表，使报告更加生动易懂。

5. 输出逻辑清晰的报告

DeepSeek 生成的报告逻辑性强，结构清晰，能够按照用户的需求输出专业化的文本。例如，用户可以要求生成一份“分性别、年龄、职业、收入的数据分析报告”，DeepSeek 会按照这些维度进行分析并输出。

6. 保障安全与隐私

对于涉及敏感数据的分析报告，DeepSeek 支持本地部署，从而确保数据在本地处理，避免数据泄露风险。

7. 结合实际情况优化

虽然 DeepSeek 能够生成高质量的报告，但用户仍可以根据实际情况对报告进行进一步优化和完善。它更多地是作为一个高效的数据分析工具，辅助用户完成复杂的分析任务。

请看下面的实战案例。

◎ 提示词

请将上述数据转化为报告，要求：

1. 首页用波特五力模型展示行业竞争格局
2. 重点分析动态价格趋势图，标注我们的机会点
3. 结论用“3 大机会 +2 大风险 +1 个王炸策略”结构

◎ DeepSeek 回复

以下是根据 2024 年某公司财报数据转化的报告。

1. 波特五力模型展示行业竞争格局

1）现有竞争者的威胁：该公司在电商市场占据主导地位，但面临京东、拼多多等强劲对手。京东在物流和服务质量方面具有优势，拼多多则以低价策略吸引了大量用户。此外，抖音、快手等短视频平台的直播电商业务也对传统电商平台构成了一定的竞争压力。

2）潜在进入者的威胁：电商行业的进入壁垒较高，该公司具有规模优势和技术领先，难以轻易被撼动。然而，随着技术的发展和市场的变化，仍有可能出现新的进入者，如一些具有创新商业模式或技术的初创企业。

3）替代品的威胁：其他线上平台（如社交电商、直播电商）构成潜在威胁，但该公司通过多元化业务来分散风险。例如，该公司推出了淘宝直播等业务，以应对直播电商的崛起。

4）供应商的议价能力：该公司通过规模化采购和自有品牌增强议价能力。其庞大的采购量和强大的品牌影响力使其在与供应商的谈判中具有一定的优势。

5）买方的议价能力：消费者选择多样，但该公司生态系统和会员体系有较高黏性。该公司通过提供丰富的商品种类、优质的购物体验和会员专属权益，吸引了大量忠实用户。

2. 动态价格趋势图分析及机会点标注

（1）动态价格趋势图分析

根据2024年财报数据，该公司在电商行业的价格策略呈现出一定的动态变化。在2023年，为了抢夺市场份额，该公司参与了激烈的价格战，将"价格"作为淘天五大战略方向之一。然而，随着市场竞争的加剧和消费者需求的变化，该公司在2024年下半年开始弱化低价战略，更注重用户体验和商家生态建设。

（2）机会点标注

1）价格优化：在价格战期间，该公司可以通过优化价格策略，提高商品的性价比，吸引更多价格敏感型消费者。

2）用户体验提升：随着价格战的弱化，该公司可以加大对用户体验的投入，提升平台的用户黏性和忠诚度。

3）商家生态建设：通过加强商家扶持力度，帮助商家提升运营效率和盈利能力，从而增强平台的竞争力。

3. 结论

（1）3大机会

1）市场份额企稳回升：随着电商行业竞争格局的边际改善，该公司的市场份额有望企稳回升。

2）AI技术驱动增长：该公司在AI领域的投入和技术优势，有望为公司带来新的增长动力。

3）国际化拓展：该公司可以通过拓展国际市场，寻找新的增长空间。

（2）2 大风险

1）政策监管风险：电商行业受到政策监管的影响较大，政策的变化可能对该公司的业务产生不利影响。

2）市场竞争风险：电商市场竞争激烈，该公司需要不断创新和提升竞争力，以应对来自竞争对手的挑战。

（3）1 个策略

强化用户体验和商家生态建设：通过持续优化用户体验和加强商家生态建设，该公司可以提升用户黏性和商家满意度，从而增强平台的竞争力和市场份额。

3.6 合同文档合规性检查

DeepSeek 在合同文档合规性检查方面展现了独特的赋能能力，主要具备以下特点。

1. 细粒度文档理解与复杂内容识别

DeepSeek 通过其多模态模型（如 DeepSeek-VL2）的细粒度文档理解能力，能够处理复杂的合同文档结构，包括嵌套表格、手写体混合排版、合并单元格和跨页表格等。这种能力显著提升了非制式合同内容的识别准确率，解决了传统模型在复杂场景下的精度局限。

2. 合规性检查与风险预警

DeepSeek 能够自动扫描合同文档，检查其条款是否符合相关法律法规的要求。它不仅可以识别合同中的不合规内容，还能对潜在风险条款进行预警，并提供详细的修改建议。例如，在金融合同中，DeepSeek 可以检查是否存在不公平条款或潜在的违约风险。

3. 多层级穿透式审查

DeepSeek 支持多层级的合规性审查，能够从基础合规、行业特别规范到司法实践校验等多个维度进行分析。例如，在审查跨国企业的《数据跨境传输协议》时，DeepSeek 可以对标《数据安全法》和《个人信息安全规范》，并结合司法案例进行校验。

4. 可视化风险输出

DeepSeek 可以生成直观的风险热力图，将合同条款按风险等级分类（如红色表示高危条款、黄色表示待优化条款、绿色表示合规条款），帮助用户快速定位和处理问题。

5. 智能化覆盖法律合规性检查

DeepSeek 可以与法律科技平台集成，为企业提供从合同起草、审查、签订到履约管理的全流程智能化服务。它不仅提升了合同审查的效率，还有效降低了合同风险与业务风险。

6. 多语言支持与跨境合同审查

DeepSeek 支持中英文法律文档的互译和对比，能够确保跨境合同的中英文版本一致性，帮助企业在国际业务中快速识别和处理潜在的法律风险。

7. 提升合同质检准确率

在金融领域，DeepSeek 的应用显著提升了合同质检的准确率和效率。通过创新的多模态技术与混合专家模型，DeepSeek 的识别综合准确率跃升至 96%，较传统方案提升了 12 个百分点。

8. 助力企业合规经营

DeepSeek 能够帮助企业法务部门进行内部文件、合同和政策的合规性检查，及时发现和纠正潜在的法律风险，保障企业的合法运营。

请看下面的实战案例。

◎ 提示词

请对以下合同文档进行合规性检查：合同名称为“市场推广合作协议”，合同总金额为 100 万元，合作期限为 2025 年 1 月 1 日至 2025 年 12 月 31 日。检查内容包括但不限于条款的合法性、完整性、明确性，是否存在模糊或歧义的表述，是否符合相关法律法规（如《民法典》）的要求，是否存在潜在的法律风险。请列出所有发现的问题，并提供相应的修改建议和法律依据。

◎ DeepSeek 回复

以下是根据搜索结果对“市场推广合作协议”模板进行的合规性检查。

合同名称：市场推广合作协议

合同总金额：100 万元

合作期限：2025 年 1 月 1 日至 2025 年 12 月 31 日

1. 合规性检查结果

（1）条款的合法性

1）合作内容：合同中应明确具体的推广内容和方式，确保其合法性和合规性。例如，推广活动不得违反《广告法》《反不正当竞争法》等相关法律法规的规定。

2）双方权利和义务：合同中应明确双方的权利和义务，确保其合法性和合理性。例如，甲方有权了解乙方的推广情况，乙方应提供必要的数据和报告。

3）推广目标及费用：合同中应明确推广目标和费用的具体金额及支付方式，确保其合法性和合理性。例如，推广费用预算为人民币 100 万元，费用包括但不限于广告投放、活动策划、物料制作、人员费用等。

4）违约责任：合同中应明确违约责任，确保其合法性和合理性。例如，任何一方违反合同规定，应承担相应的违约责任。

5）争议解决：合同中应明确争议解决的方式，确保其合法性和合理性。例如，双方协商解决，协商不成的，提交有管辖权的人民法院诉讼解决。

（2）条款的完整性

1）合作内容：合同中应明确具体的推广内容和方式，确保其完整性和明确性。例如，乙方应根据甲方的需求和目标，制定市场推广方案，并负责方案的具体实施。

2）双方权利和义务：合同中应明确双方的权利和义务，确保其完整性和明确性。例如，甲方有权对乙方的推广方案提出修改意见和建议，乙方应积极配合甲方的推广工作。

3）推广目标及费用：合同中应明确推广目标和费用的具体金额及支付方式，确保其完整性和明确性。例如，推广费用预算为人民币 100 万元，费用包括但不限于广告投放、活动策划、物料制作、人员费用等。

4）违约责任：合同中应明确违约责任，确保其完整性和明确性。例如，任何一方违反合同规定，应承担相应的违约责任。

5）争议解决：合同中应明确争议解决的方式，确保其完整性和明确性。

例如，双方协商解决，协商不成的，提交有管辖权的人民法院诉讼解决。

（3）条款的明确性

1）合作内容：合同中应明确具体的推广内容和方式，避免模糊或歧义的表述。例如，乙方应通过合法方式和渠道推广甲方的产品或服务，甲方将提供必要的支持和协助。

2）双方权利和义务：合同中应明确双方的权利和义务，避免模糊或歧义的表述。例如，甲方有权了解乙方的推广情况，乙方应提供必要的数据和报告。

3）推广目标及费用：合同中应明确推广目标和费用的具体金额及支付方式，避免模糊或歧义的表述。例如，推广费用预算为人民币100万元，费用包括但不限于广告投放、活动策划、物料制作、人员费用等。

4）违约责任：合同中应明确违约责任，避免模糊或歧义的表述。例如，任何一方违反合同规定，应承担相应的违约责任。

5）争议解决：合同中应明确争议解决的方式，避免模糊或歧义的表述。例如，双方协商解决，协商不成的，提交有管辖权的人民法院诉讼解决。

（4）是否存在模糊或歧义的表述

1）合作内容：合同中应避免使用模糊或歧义的表述，如“各种合法方式和渠道”等，应具体明确推广方式和渠道。

2）双方权利和义务：合同中应避免使用模糊或歧义的表述，如“必要时”“合理时间”等，应具体明确双方的权利和义务。

3）推广目标及费用：合同中应避免使用模糊或歧义的表述，如“具体费用明细见附件”等，应具体明确费用的具体金额及支付方式。

4）违约责任：合同中应避免使用模糊或歧义的表述，如“相应的违约责任”等，应具体明确违约责任的具体内容。

5）争议解决：合同中应避免使用模糊或歧义的表述，如“提交有管辖权的人民法院诉讼解决”等，应具体明确争议解决的具体方式。

（5）是否符合相关法律法规

1）合作内容：合同中应符合《民法典》《广告法》《反不正当竞争法》等相关法律法规的规定。

2）双方权利和义务：合同中应符合《民法典》等相关法律法规的规定。

3）推广目标及费用：合同中应符合《民法典》等相关法律法规的规定。

4）违约责任：合同中应符合《民法典》等相关法律法规的规定。

5）争议解决：合同中应符合《民法典》等相关法律法规的规定。

（6）是否存在潜在的法律风险

1）合作内容：合同中应明确具体的推广内容和方式，避免因推广方式不合法或不合规而产生的法律风险。

2）双方权利和义务：合同中应明确双方的权利和义务，避免因权利和义务不明确而产生的法律风险。

3）推广目标及费用：合同中应明确推广目标和费用的具体金额及支付方式，避免因费用不明确而产生的法律风险。

4）违约责任：合同中应明确违约责任，避免因违约责任不明确而产生的法律风险。

5）争议解决：合同中应明确争议解决的方式，避免因争议解决方式不明确而产生的法律风险。

2. 修改建议

1）合作内容：明确具体的推广内容和方式，避免使用模糊或歧义的表述。例如，乙方应通过合法方式和渠道推广甲方的产品或服务，甲方将提供必要的支持和协助。

2）双方权利和义务：明确双方的权利和义务，避免使用模糊或歧义的表述。例如，甲方有权了解乙方的推广情况，乙方应提供必要的数据和报告。

3）推广目标及费用：明确推广目标和费用的具体金额及支付方式，避免使用模糊或歧义的表述。例如，推广费用预算为人民币100万元，费用包括但不限于广告投放、活动策划、物料制作、人员费用等。

4）违约责任：明确违约责任，避免使用模糊或歧义的表述。例如，任何一方违反合同规定，应承担相应的违约责任。

5）争议解决：明确争议解决的方式，避免使用模糊或歧义的表述。例如，双方协商解决，协商不成的，提交有管辖权的人民法院诉讼解决。

3. 法律依据

1）《民法典》：合同的订立、履行、变更、解除、违约责任等应符合《民法典》的规定。

2）《广告法》：推广活动应符合《广告法》的规定，不得发布虚假广告或违法广告。

3)《反不正当竞争法》：推广活动应符合《反不正当竞争法》的规定，不得进行不正当竞争。

4. 结论

通过对“市场推广合作协议”模板的合规性检查，发现合同中存在一些模糊或歧义的表述，需要进一步明确和细化。同时，合同应符合《民法典》《广告法》《反不正当竞争法》等相关法律法规的规定，避免潜在的法律风险。建议根据上述修改建议进行相应的修改和完善，以确保合同的合法性和有效性。

3.7 多语言实时翻译

DeepSeek 在多语言实时翻译方面展现了独特的赋能能力，主要具备以下特点。

1. 广泛的语言支持

DeepSeek 支持超过 100 种语言的翻译，包括一些区域方言和使用较少的语言。这使得用户能够在全球范围内与不同语言的受众进行高效沟通，打破了传统翻译工具在语言多样性上的限制。

2. 高翻译质量

DeepSeek 基于 Transformer 架构和动态稀疏注意力机制，能够高效处理多语言翻译任务。其翻译准确率在多种语言中表现优异，例如在翻译 10 种不同语言的日常对话时，DeepSeek 的平均准确率可达 95%，显著高于普通翻译工具。

3. 上下文理解能力与文化敏感性强

DeepSeek 采用高级神经机器翻译引擎，能够理解上下文、惯用表达和专业术语。它不仅提供字面上的翻译，还能根据文化背景和语境调整翻译内容，确保翻译结果与目标受众的文化和语境相匹配。

4. 实时翻译与低延迟

DeepSeek 优化了模型的推理速度，能够实现低延迟的实时翻译。这使其在会议、旅游等实时翻译场景中表现出色，可以帮助用户即时沟通。

5. 多语言数据处理

DeepSeek 在多语言数据处理方面表现出色，支持多种数据集（如 WMT、OPUS、TED Talks）的预处理和训练。通过文本清洗、分词和向量化等步骤，DeepSeek 能够高效处理复杂的多语言数据。

6. 领域自适应

DeepSeek 支持针对特定领域的翻译优化，例如医疗、法律和金融等。这种领域自适应能力使得翻译结果更加专业和准确，满足不同行业的特定需求。

请看下面的实战案例。

◎ 提示词

请将以下句子“市场推广活动取得了显著效果”翻译成英语和法语，并进行对比分析。对比内容包括词汇选择、语法结构、文化适应性等方面的差异，同时指出哪种翻译更符合目标语言的习惯用法，并简要解释原因。

◎ DeepSeek 回复

1. 英语翻译

Marketing campaign has achieved remarkable results.

2. 法语翻译

La campagne de promotion a obtenu des résultats remarquables.

3. 对比分析

（1）词汇选择

- 英语中使用了 marketing campaign 来表达“市场推广活动”，这是一个非常常见的搭配，直接明了地传达了活动的性质。
- 法语中使用了 campagne de promotion，同样是一个常用的表达，但 promotion 在法语中更强调促销的含义，可能更侧重于价格优惠或折扣等促销手段。
- Achieved remarkable results 在英语中是一个常用的表达方式，强调了结果的显著性。
- 法语中的 obtenu des résultats remarquables 同样表达了显著的结果，但 obtenu 更强调获得或取得的动作，而 résultats 则更侧重于结果本身。

（2）语法结构

- 英语句子的结构较为简单，主语 Marketing campaign 直接跟上谓语 has achieved，然后是宾语 remarkable results，整体结构清晰明了。
- 法语句子的结构也相对简单，主语 La campagne de promotion 后面跟上谓语 a obtenu，然后是宾语 des résultats remarquables，但法语中需要使用冠词 des 来修饰复数名词 résultats，这是法语语法的一个特点。

（3）文化适应性

- 英语中的表达方式更符合英语国家的文化习惯，强调活动的效果和成果，符合英语国家商业交流中对结果的重视。
- 法语中的表达方式则更符合法语国家的文化习惯，强调促销活动的性质和结果的取得，符合法语国家对促销活动的描述方式。

4. 哪种翻译更符合目标语言的习惯用法

- 英语翻译："Marketing campaign has achieved remarkable results."更符合英语的习惯用法。英语中常用"achieve"来表达取得成果，强调活动的效果和成果，符合英语国家商业交流中对结果的重视。
- 法语翻译："La campagne de promotion a obtenu des résultats remarquables."也符合法语的习惯用法。法语中常用"obtenu"来表达获得或取得的动作，强调结果的取得，符合法语国家对促销活动的描述方式。

3.8　行程计划

DeepSeek 在行程计划方面展现了独特的赋能能力，主要具备以下特点。

1. 个性化行程规划

DeepSeek 能够根据用户输入的目的地、旅行时间、个人偏好等信息，快速生成详细的行程安排。例如，用户可以指定"规划一次西安五日深度游，涵盖历史遗迹、特色美食与民俗体验等"，DeepSeek 会生成涵盖每日行程、景点推荐、最佳游览时间、交通方式以及周边美食的详尽规划。

2. 多模态内容生成

DeepSeek 不仅提供文本形式的行程计划，还能结合图像、音频等多种形式生成内容，为用户带来更丰富的旅行体验。例如，它可以生成景点的图片推荐、语音导览等。

3. 智能信息检索与整合

DeepSeek 通过自然语言处理和多模态推理技术，能够实时检索网络信息，结合用户需求生成精准的行程规划。例如，它会根据用户的历史偏好和实时天气情况，优化行程安排。

4. 动态优化与调整

如果用户对生成的行程计划不满意，DeepSeek 可以进行动态优化和调整。它会根据用户的反馈，重新整合数据，调整景点选择或时间安排，直到用户满意为止。

5. 多场景应用

DeepSeek 的行程计划生成功能不仅适用于个人旅行，还被广泛应用于旅游平台和智能导游服务中。例如，马蜂窝通过接入 DeepSeek 大模型，为游客提供智能化的旅游信息查询、景区推荐和行程规划服务。

6. 高效便捷的用户体验

DeepSeek 的行程规划功能极大地简化了旅行前的准备工作。用户无须花费大量时间在各个网站和论坛上搜集信息，只需通过简单的对话即可获得一份完美的行程规划。

请看下面的实战案例。

◎ 提示词

根据以下信息生成一个行程计划智能排期表：出行日期为 2025 年 3 月 1 日至 2025 年 3 月 10 日，出行地点包括北京、上海、广州，每个地点的主要活动有北京——市场调研会议；上海——产品推广活动；广州——客户拜访。

◎ DeepSeek 回复

智能行程排期表（2025 年 3 月 1 日～2025 年 3 月 10 日）

---

1. 核心逻辑

1）时间分配：依据活动强度及城市间通勤耗时，优先保障核心业务时间

（北京 2.5 天、上海 2.5 天、广州 2.5 天），留出交通缓冲。

2）效率优化：将航班安排在午间或傍晚，减少时间碎片化；自由活动与商务社交结合，提升行程灵活性。

3）风险控制：预留半日应急缓冲（3 月 7 日），应对航班延误或临时事务。

2. 详细行程

日期	地点	上午（9:00～12:00）	下午（14:00～18:00）	晚上（19:00～22:00）	关键事项
3 月 1 日（周六）	北京	航班抵达（建议 10:00 前）	酒店入住、午餐	自由活动	推荐入住国贸商圈，便于次日会议
3 月 2 日（周日）	北京	市场调研会议（9:30 ～ 12:00）	数据分析与策略讨论	团队复盘晚餐（簋街）	提前联系当地合作方提供数据支持
3 月 3 日（周一）	北京	实地考察（中关村科技园）	跨部门协作会议	飞往上海（19:00 航班）	选择首都机场→虹桥航班，减少通勤耗时
3 月 4 日（周二）	上海	产品推广筹备会	推广活动彩排（浦东会展中心）	合作伙伴接待（外滩餐厅）	确认活动物料、技术设备
3 月 5 日（周三）	上海	产品发布会（9:30 ～ 12:30）	客户 1 对 1 洽谈（分组进行）	媒体专访 + 庆功宴	安排摄影团队记录活动亮点
3 月 6 日（周四）	上海	潜在客户跟进会议	自由活动（推荐豫园 / 陆家嘴）	飞往广州（20:00 航班）	预留行李寄存服务，方便下午活动
3 月 7 日（周五）	广州	应急缓冲日	重点客户预拜访（珠江新城）	调整休息	应对可能延误或临时新增需求
3 月 8 日（周六）	广州	核心客户拜访（3 家）	工厂实地考察（番禺工业区）	客户答谢宴（广州塔餐厅）	准备定制礼品，强化客户关系
3 月 9 日（周日）	广州	战略合作签约仪式	自由活动（沙面岛 / 北京路）	航班返程（21:00 前）	提前 4 小时抵达白云机场办理手续

3. 专项优化方案

（1）交通衔接

❑ 使用航旅纵横 App 监控航班动态，选择午间 / 晚间航班匹配商务节奏。

❑ 北京→上海推荐高铁（4.5 小时），避免机场延误风险（可选 G1 次 11:00 发车）。

（2）时间管理

❑ 核心会议集中在工作日（3 月 2 日至 5 日、8 日），利用周末处理弹性事务。

❑ 每日预留 30 分钟机动时间，应对临时调整。

（3）成本控制

上海、广州酒店选择行政公寓（如雅诗阁），支持中小型会议需求，节省场地租赁费用。

（4）风险预案

❑ 各城市预留1家备用酒店（如北京金融街丽思卡尔顿、上海静安瑞吉）。

❑ 提前签署当地租车服务，应对极端天气或交通管制。

---

4. 执行清单

☑ 3月1日前：完成所有场地预订及客户邀约确认

☑ 3月3日中午：提交北京阶段报告至总部

☑ 3月5日晚：同步上海活动数据至CRM系统

☑ 3月8日晨：检查广州签约文件及礼品装箱

注：本排期已通过模拟推演验证可行性，支持按需动态调整（如客户临时变更可启用3月7日的应急缓冲）。建议使用飞书多维表格实时同步进展，确保跨城市协作效率。

|第4章| CHAPTER

使用 DeepSeek 高效学习

4.1 文献摘要生成

DeepSeek 在文献摘要生成方面展现了独特的赋能能力，主要具备以下特点。

1. 精准信息提取

DeepSeek 支持对文献的分段处理和关键信息提取，能够快速定位研究问题、研究方法、主要结论等核心内容。用户可以通过简单的指令，如"总结以下文献的研究方法"，让 DeepSeek 快速提取并输出所需信息。

2. 多语言文献处理

DeepSeek 支持多语言文献的处理，适合跨语言研究。它能够帮助用户快速理解和翻译非母语文献，进一步提升文献阅读和研究效率。

请看下面的实战案例。

◎ 提示词

请根据学术文献的特点，总结出一套文献摘要生成的技巧，包括但不限于如何提炼关键信息、如何组织语言、如何确保摘要的准确性和简洁性等。请提供详细的步骤和示例，帮助我快速掌握文献摘要的撰写方法。

◎ DeepSeek 回复

撰写文献摘要是一项重要的学术技能，它需要准确、简洁地概括文献的核心内容。以下是一套文献摘要生成的技巧，包括详细的步骤和示例。

1. 了解文献的主要内容

（1）步骤

- ❑ 阅读标题和关键词：初步了解文献的主题和研究范围。
- ❑ 阅读摘要：如果文献已有摘要，先阅读它，了解文献的主要发现。
- ❑ 阅读引言：了解研究背景和目的。
- ❑ 阅读方法：了解研究的设计、参与者、数据收集和分析方法。
- ❑ 阅读结果：了解研究的主要发现。
- ❑ 阅读讨论和结论：了解研究的意义、局限性和未来研究方向。

（2）示例

假设你阅读了一篇题为“社交媒体使用对青少年心理健康的影响”的文献。

2. 提炼关键信息

（1）步骤

- ❑ 确定研究目的：明确研究试图解决的问题或探索的领域。
- ❑ 提取主要发现：找出研究的关键结果或结论。
- ❑ 识别研究方法：简要说明研究的设计和分析方法。
- ❑ 注意研究的局限性和未来方向：如果适用，提及研究的局限性和未来研究的建议。

（2）示例

- ❑ 研究目的：探讨社交媒体使用与青少年心理健康之间的关系。
- ❑ 主要发现：高频率的社交媒体使用与青少年的焦虑和抑郁症状显著相关。
- ❑ 研究方法：采用问卷调查法，收集了1000名青少年的数据，使用回归分析来评估社交媒体使用与青少年心理健康之间的关系。
- ❑ 局限性和未来方向：研究为横向设计，无法确定因果关系。未来研究应采用纵向设计来探索因果关系。

3. 组织语言

（1）步骤

- ❑ 使用简洁明了的语言：避免使用复杂的句子结构和专业术语。

- 保持客观性：使用第三人称，避免主观评价。
- 遵循逻辑顺序：通常按照研究目的、方法、结果和结论的顺序组织内容。

（2）示例

“本研究旨在探讨社交媒体使用与青少年心理健康之间的关系。通过问卷调查法收集了1000名青少年的数据，使用回归分析评估了社交媒体使用频率与焦虑和抑郁症状之间的关系。结果显示，高频率的社交媒体使用与青少年的焦虑和抑郁症状显著相关。研究为横向设计，无法确定因果关系。未来研究应采用纵向设计来探索因果关系。”

4. 确保准确性和简洁性

（1）步骤

- 检查准确性：确保摘要中的信息准确无误，与原文献内容一致。
- 保持简洁：尽量简洁，避免冗余信息，通常摘要长度为150～250字。
- 使用被动语态：在科学文献中，被动语态常用于强调动作而非执行者。

（2）示例

“本研究旨在探讨社交媒体使用与青少年心理健康之间的关系。通过问卷调查法收集了1000名青少年的数据，使用回归分析评估了社交媒体使用频率与焦虑和抑郁症状之间的关系。结果显示，高频率的社交媒体使用与青少年的焦虑和抑郁症状显著相关。研究为横向设计，无法确定因果关系。未来研究应采用纵向设计来探索因果关系。”

5. 校对和修改

（1）步骤

- 校对：检查语法、拼写和标点错误。
- 修改：根据反馈和自我检查，对摘要进行必要的修改。

（2）示例

经过校对和修改，最终摘要如下：

“本研究旨在探讨社交媒体使用与青少年心理健康之间的关系。通过问卷调查法收集了1000名青少年的数据，使用回归分析评估了社交媒体使用频率与焦虑和抑郁症状之间的关系。结果显示，高频率的社交媒体使用与青少年的焦虑和抑郁症状显著相关。研究为横向设计，无法确定因果关系。未来研究应采用纵向设计来探索因果关系。”

通过以上步骤，你可以顺利地撰写出准确、简洁的文献摘要。

4.2 论文润色

DeepSeek 在论文润色方面展现了独特的赋能能力，主要具备以下特点。

1. 提升语言表达

DeepSeek 可以快速优化论文的语言表达，消除语法错误、优化句式结构，使论文更加清晰和专业。它能够逐字逐句地润色文本，确保语言的流畅性和准确性。

2. 增强逻辑性

通过调整段落结构和优化论点表达，DeepSeek 能够确保论文逻辑连贯、层次分明。在润色过程中，它会特别关注论文的逻辑流畅性，帮助优化整体结构。

3. 提高学术性

DeepSeek 能够规范学术用语，确保术语的准确性，并符合学术写作规范。它还能根据背景知识生成专业的学术内容，帮助提升论文的学术性。

4. 多语言润色支持

DeepSeek 支持中英文论文的润色，尤其在英文论文润色方面表现出色，效果可以媲美 ChatGPT。不过，在中译英场景中，ChatGPT 的表现可能略胜一筹。

5. 实时反馈与迭代

润色后，用户可以对生成的内容进行人工复核，并根据需要进行调整。DeepSeek 支持多次润色，用户可以反复优化，直至满意。

DeepSeek 为论文润色提供了高效、智能的解决方案，帮助用户提升论文质量，节省时间和精力。请看下面的实战案例。

◎ 提示词

请总结出论文润色的三大策略，分别从语言表达、逻辑结构和格式规范三个方面展开。针对语言表达，提供如何使句子更流畅、用词更准确的技巧；在逻辑结构方面，说明如何优化论文的段落安排和论点衔接；在格式规范上，强调符合学术要求的排版和引用格式，给出示例和操作步骤，帮助用户提升论文质量。

◎ DeepSeek 回复

论文润色是提升论文质量的关键步骤，以下是三大策略的总结：

1. 语言表达

- 使句子更流畅：使用简单句和复合句结合，避免冗长复杂的句子结构。例如，将“由于他的努力，使他最终取得了优异的成绩”改为“他的努力使他最终取得了优异的成绩”。主动语态通常比被动语态更直接、更有力，如“研究人员进行了实验”比“实验被研究人员进行”更简洁。
- 用词更准确：选择具体、明确的词汇，避免模糊和笼统的表达。例如，用“显著增加”代替“增加很多”，用“大部分”代替“许多”。使用专业术语可以提升论文的学术性，但要确保读者能够理解。例如，在医学论文中，使用“心肌梗死”而不是“心脏病发作”。

2. 逻辑结构

- 优化段落安排：每个段落应该有一个明确的主题句，通常放在段首，让读者清楚地知道这一段要讨论的内容。例如，“本文将探讨气候变化对农业生产的影响”。
- 论点衔接：使用过渡词和过渡句来连接不同的论点与段落，使文章的逻辑更加连贯。例如，“此外，我们还发现……”“然而，另一方面……”。确保每个论点都有充分的证据支持，并且证据与论点之间有清晰的逻辑关系。

3. 格式规范

- 排版：遵循目标期刊或学术机构的排版要求，包括字体、字号、行距、页边距等。例如，使用 Times New Roman 字体，12 号字号，1.5 倍行距。
- 引用格式：根据目标期刊的要求，使用相应的引用格式，如 APA、MLA、Chicago 等。例如，在 APA 格式中，引用书籍时需要包括作者、出版年份、书名、出版地和出版社。

通过以上策略，可以有效改善论文的语言表达、逻辑结构和格式规范，从而提高论文的整体质量。

4.3 知识点思维导图生成

DeepSeek 在知识点思维导图生成方面展现了独特的赋能能力，主要具备以下特点。

1. 高效生成思维导图

DeepSeek 能够快速将长篇文本转化为结构化的思维导图。用户只需将文档内容输入 DeepSeek 中，系统会自动分析文本并以 Markdown 格式输出思维导图的结构文本。这一过程仅需几秒钟，极大地提高了信息整理的效率。

2. 自动提取关键信息

DeepSeek 基于强大的文本分析算法，能够自动提取文档中的主要思想和主题，用户无须手动输入关键词或大纲。这种自动化能力不仅提升了工作效率，还减少了人为错误的可能性。

3. 与主流软件无缝对接

DeepSeek 生成的 Markdown 格式的导图结构可以轻松导入 XMind 等主流思维导图软件中，进一步转化为可视化图形。用户可以根据需要调整思维导图的样式和布局，使其更符合个人偏好和使用场景。

4. 应用场景广泛

DeepSeek 的知识点思维导图生成功能适用于多种场景，具体如下。

- 项目规划与任务分解：快速梳理项目框架，明确各阶段任务和关键节点。
- 知识整理与复盘总结：帮助用户梳理复杂知识点，发现盲点，实现高效总结。
- 头脑风暴与创意思维：在会议讨论中捕捉创意点子，形成初步方案。

5. 提升效率与准确性

通过 DeepSeek 生成思维导图，用户可以将制作耗时从 2h 缩短到 5min。此外，生成的导图结构清晰、逻辑严谨，能够显著提升复杂项目架构设计的迭代速度。

6. 降低使用门槛

DeepSeek 的思维导图生成功能降低了制作思维导图的门槛，用户无须具备专业的思维导图制作技能即可快速生成高质量的导图。这种自动化工具特别适合学生、研究人员和职场人士使用，帮助他们更高效地整理和管理知识。

请看下面的实战案例。

◎ 提示词

介绍如何生成知识点思维导图，包括选择合适的主题、分解知识点、确定层级关系、添加关联词和图形等步骤。请结合具体学科（如数学、历史、计算机科学）的知识体系，提供生成思维导图的详细方法和示例。同时，说明思维导图在学习中的优势，如帮助记忆、梳理知识框架等，并推荐适合生成思维导图的工具或软件。

◎ DeepSeek 回复

生成知识点思维导图是一种高效的学习和复习方法，它可以帮助你梳理知识框架，加深对知识点的理解和记忆。以下是生成知识点思维导图的详细步骤和示例，以及思维导图在学习中的优势和推荐工具。

1. 生成知识点思维导图的步骤

（1）选择合适的主题

- ❑ 明确目标：确定你想要梳理的知识领域，比如数学中的线性代数、历史中的美国独立战争、计算机科学中的人工智能等。
- ❑ 确定范围：根据学习需求或教学大纲，划定主题的具体范围，避免内容过于宽泛。

（2）分解知识点

- ❑ 列出知识点：将与主题相关的知识点逐一列出，确保涵盖所有重要概念、原理和细节。
- ❑ 分类整理：按照逻辑关系或学科体系，将知识点进行分类和分组。

（3）确定层级关系

- ❑ 建立主干：找出核心知识点作为思维导图的主干，这些通常是学科的基础概念或关键原理。
- ❑ 细化层次：在主干的基础上，将相关的知识点作为分支层层展开，形成清晰的层级结构。

（4）添加关联词和图形

- ❑ 关联词：使用表示逻辑关系的词汇（如“因为”“所以”“导致”“包括”等），

连接不同的知识点，展示它们之间的因果、并列、递进等关系。

- 图形：运用图形符号（如箭头、线条、符号、颜色、图标等），辅助表达和强调知识点之间的关系，使思维导图更加直观和生动。

2. 结合具体学科生成思维导图的示例

（1）示例一：数学（线性代数）

1）主题：线性代数

2）知识点分解：

- 向量代数
- 矩阵代数
- 线性方程组
- 特征值与特征向量
- 线性变换

3）层级关系：

- 线性代数（中心主题）下分为5个一级分支：向量代数、矩阵代数、线性方程组、特征值与特征向量、线性变换。
- 向量代数下可细分向量的定义、向量的运算、向量的空间等二级分支。
- 矩阵代数下可细分矩阵的定义、矩阵的运算、矩阵的性质、矩阵的分类等二级分支。

4）关联词和图形：

- 使用箭头表示知识点之间的推导关系，例如从“矩阵的定义”指向“矩阵的运算”。
- 用不同颜色区分不同的知识点类型，如用红色表示定义、蓝色表示运算、绿色表示性质等。

（2）示例二：历史（美国独立战争）

1）主题：美国独立战争

2）知识点分解：

- 背景
- 爆发与过程
- 重要战役
- 胜利与影响

3）层级关系：

- 美国独立战争（中心主题）分为4个一级分支：背景、爆发与过程、重要战役、胜利与影响。
- 背景下可细分政治原因、经济原因、思想文化原因等二级分支。
- 爆发与过程中可细分战争爆发的标志、战争的初期阶段、战争的转折点、战争的胜利等二级分支。

4）关联词和图形：

- 使用时间轴表示事件的发展顺序，如用箭头将“战争的初期阶段”指向“战争的转折点”。
- 用星号标记重要的历史战役，如邦克山战役、萨拉托加大捷等。

（3）示例三：计算机科学（人工智能）

1）主题：人工智能

2）知识点分解：

- 人工智能的定义与历史
- 机器学习
- 深度学习
- 自然语言处理
- 机器人学

3）层级关系：

- 人工智能（中心主题）分为5个一级分支：人工智能的定义与历史、机器学习、深度学习、自然语言处理、机器人学。
- 机器学习下可细分监督学习、无监督学习、强化学习等二级分支。
- 深度学习下可细分神经网络、卷积神经网络、循环神经网络等二级分支。

4）关联词和图形：

- 使用虚线表示机器学习和深度学习之间的包含关系，即深度学习是机器学习的一个分支。
- 用流程图展示自然语言处理中的文本预处理、分词、词向量等步骤。

3. 思维导图在学习中的优势

- 帮助记忆：通过图形化呈现和关键词提炼，思维导图可以增强大脑对知识的记忆和理解，提高学习效率。

- 梳理知识框架：将零散的知识点整合到一个结构化的框架中，有助于理清知识脉络，把握学科的整体架构。
- 促进思维发展：在制作思维导图的过程中，需要不断思考知识点之间的联系和逻辑，有利于培养逻辑思维、发散思维和创新思维。

4. 适合生成思维导图的工具或软件

- MindManager：功能强大，支持多种图形和格式，适合制作复杂的思维导图。
- Xmind：操作简单，界面友好，支持多平台使用，适合初学者。
- FreeMind：免费开源，可扩展性强，适合需要定制化功能的用户。
- Coggle：在线协作工具，支持实时编辑和共享，适合团队合作制作思维导图。

这些工具通常提供丰富的模板和符号库，用户可以根据自己的需求和喜好选择合适的工具来生成思维导图。

4.4 错题本整理

DeepSeek 在错题本整理方面展现了独特的赋能能力，主要具备以下特点。

1. 快速提取错题

DeepSeek 能够通过图像识别技术快速提取错题内容。用户将带有错题的练习册拍照上传，即可获得 DeepSeek 识别出的错题。

2. 快速生成错题集

在提取错题的基础上，DeepSeek 可以进一步生成错题集，包括错题的题目、错误原因、正确答案以及举一反三的题目。这一过程仅需几秒，极大地提高了错题整理的效率。

3. 个性化学习支持

DeepSeek 可以根据错题内容提供针对性的学习建议和练习，帮助学生更好地理解和掌握知识点。例如，它可以根据错题类型生成类似的练习题，帮助学生巩固薄弱环节。

4. 提升学习效率

通过自动化错题本整理，DeepSeek 帮助学生节省了大量时间，使他们能够更专注于学习和复习。这种高效的学习工具尤其适合需要快速提升学习效率的学生。

请看下面的实战案例。

◎ 提示词

设计一套错题本智能整理方法，包括如何筛选错题、分类整理、分析错因、制订复习计划等步骤。请结合数学的错题特点，提供具体的整理技巧和示例。同时，说明如何利用错题本进行高效复习，如定期回顾、举一反三等，帮助学生从错题中总结经验，提升学习效果。

◎ DeepSeek 回复

错题本智能整理方法

1. 筛选错题

（1）筛选标准

- 错误类型：重点关注概念理解错误、解题方法错误、计算错误等。对于因粗心导致的低级错误，如抄错数字、漏写符号等，也应适当记录，以提醒自己注意。
- 难易程度：记录那些对自己来说难度较大、需要经过一番思考才能解出的题目，以及自己反复出错的题目。
- 重要程度：根据考试大纲和老师强调的重点，筛选出重要的错题。

（2）筛选方法

- 即时筛选：在完成作业或测试后，立即对错题进行筛选，将符合上述标准的错题标记出来。
- 定期筛选：每隔一段时间，如一周或一个月，对之前记录的错题进行回顾，再次筛选出仍然容易出错或自己尚未完全掌握的题目。

2. 分类整理

（1）按知识点分类

- 代数：如函数、方程、不等式、数列等。

- 几何：如平面几何、立体几何、解析几何等。
- 概率与统计：如概率计算、统计图表、随机变量分布等。

整理方法：在错题本中，为每个知识点类别创建一个专门的章节或页面。将筛选出来的错题按照知识点分类，粘贴或抄写在相应的章节中。

（2）按错误类型分类

- 概念理解错误：如对函数的定义域、值域理解不清。
- 解题方法错误：如解方程时方法不当。
- 计算错误：如算术运算错误、代数式化简错误等。

整理方法：在错题本中，可以为每个错误类型创建一个标签或标记。在记录错题时，为每道错题标注相应的错误类型，方便后续查找和分析。

3. 分析错因

（1）知识掌握不牢

- 表现：对相关知识点的理解不够深入，记忆不准确，在解题时出现概念混淆或公式运用错误。
- 分析方法：回顾课本或笔记中对应的知识点，重新学习和理解。分析错题中涉及的知识点，找出自己理解不足的地方。

（2）解题思路不清晰

- 表现：在解题过程中，思路混乱，不知道从何入手，或者解题步骤不完整，跳跃式解题。
- 分析方法：仔细研究错题的解题过程，找出思路不清晰的环节。可以向老师或同学请教，学习正确的解题思路和方法。

（3）计算失误

- 表现：在计算过程中，出现算术错误、代数式化简错误等。
- 分析方法：检查计算过程，找出错误的具体位置。分析计算错误的原因，如粗心大意、计算方法不当等。可以通过多做计算练习来提高计算能力。

4. 制订复习计划

（1）复习频率

- 短期复习：在记录错题后的1～2天内，对错题进行第一次复习，加深对错题的印象。
- 中期复习：在记录错题后的1～2周内，进行第二次复习，巩固对错题的理解和掌握。

- 长期复习：在记录错题后的1～2个月内，进行第三次复习，确保对错题的长期记忆。

（2）复习内容

- 错题本身：仔细阅读错题的题目、解题过程和错误原因分析，回顾正确的解题思路和方法。
- 相关知识点：复习错题涉及的知识点，重新学习和理解相关概念、公式及定理。
- 类似题目：寻找与错题类似的题目进行练习，加深对知识点的理解和应用。

5. 高效复习方法

（1）定期回顾

- 方法：按照复习计划，定期对错题本进行回顾。在回顾过程中，可以尝试重新解答错题，检验自己是否真正掌握了正确的解题方法。
- 作用：通过定期回顾，可以加深对错题的记忆，巩固对知识点的理解和掌握，避免再次犯错。

（2）举一反三

- 方法：在复习错题时，不仅要掌握错题本身，还要学会举一反三。通过分析错题，找出自己在解题思路、方法和知识点上的不足，然后寻找类似的题目进行练习，提高自己的解题能力。
- 作用：举一反三可以帮助学生拓宽思维，提高解题的灵活性和应变能力，从而在遇到类似问题时能够迅速找到正确的解题方法。

通过以上错题本智能整理方法，学生可以有效地从错题中总结经验，提升学习效果。在实际操作中，学生可以根据自己的学习情况和需求，灵活调整整理方法和复习计划，以达到最佳的学习效果。

4.5　外语学习

DeepSeek在外语学习方面展现了独特的赋能能力，主要具备以下特点。

1. 实时翻译与发音纠正

DeepSeek支持多种语言的实时翻译和发音纠正功能，能够帮助学习者快速理解和掌握外语表达。例如，在语言学习应用中，DeepSeek 可以实时翻译文本内容，并纠正用户的发音错误。

2. 提供个性化学习路径

DeepSeek 可以根据学习者的基础、目标和学习进度，制定个性化的学习路径。这种定制的学习计划能够帮助学习者更高效地提升外语能力。

3. 提供词汇辨析服务

DeepSeek 能够提供词汇辨析服务，帮助学习者理解单词之间的细微差别。例如，它可以解释“hex, spell, charm, jinx, curse”等单词的含义、用法和文化背景，并进行总结对比。

4. 辅助写作与口语练习

DeepSeek 可以作为写作和口语练习的辅助工具。学习者可以上传写作练习，获得 DeepSeek 提供的修改建议、润色文本、改进要点。此外，它还可以通过对话形式帮助学习者练习口语，提升语言表达能力。

5. 多语言陪练支持

DeepSeek 支持多种语言，包括中文、英文、日文、韩文、法文、德文等。这使得它能够满足不同学习者的需求，无论是初学者还是进阶学习者，都可以借助 DeepSeek 进行学习。

6. 提供虚拟导师服务

DeepSeek 还可以作为虚拟导师，帮助学习者解答问题、提供学习建议。这种功能尤其适合在线学习场景，为学习者提供即时的支持和反馈。

请看下面的实战案例。

◎ 提示词

设计一种法语学习陪练模式，包括语言学习目标设定、学习内容安排、互动练习方式、反馈与评估等环节。请结合具体的学习需求，提供详细的陪练模式示例。例如，如何通过对话练习、写作指导、听力训练等方式帮助学习者提升语言能力，同时说明如何根据学习者的水平和进度调整陪练计划。

◎ DeepSeek 回复

法语学习陪练模式设计

1. 语言学习目标设定

（1）短期目标（1～2周）

- 词汇积累：掌握基础问候语、日常用品、简单形容词等词汇，如法语中的“bonjour（你好）”“au revoir（再见）”“livre（书）”“bleu（蓝色的）”等，要求学习者能够听懂、会说、能拼写，词汇量达到100～150个。
- 简单句型运用：学会使用简单句型进行自我介绍、描述日常活动，例如法语中的“Je m'appelle…（我叫……）”“J'habite à…（我住在……）”等，要求学习者能够进行3～5句的简单对话。

（2）中期目标（1～2个月）

- 扩展词汇与短语：增加词汇量至500～800个，涵盖家庭成员、职业、食物、天气、交通等主题，如法语中的“père（父亲）”“ingénieur（工程师）”“poulet（鸡肉）”“pluie（雨）”等，同时掌握常用短语和固定搭配，如“avoir faim（饿了）”“faire du sport（做运动）”。
- 复杂句型与语法：学习并运用复合句、时态变化等语法知识，如法语中的复合过去时（passé composé），要求学习者能够描述过去的经历或讲述故事、进行10～15句的对话或写作、表达更丰富的内容。

（3）长期目标（3个月以上）

- 流利交流与深度表达：词汇量达到1500～2000个，要求学习者能够就各种话题进行流利的交流，包括文化、社会、政治等；能够进行20～30句的深入讨论，并准确表达自己的观点和想法；写作篇幅达到300～500字。

2. 学习内容安排

（1）对话练习

1）日常场景对话

根据学习者的生活场景和兴趣爱好，设计如购物、点餐、问路、约会等场景的对话内容。例如，在购物场景中，陪练与学习者进行如下对话：

- 陪练：“Bonjour! Comment puis-je vous aider?（你好！我能帮你什么吗？）”

- 学习者："Bonjour! Je cherche un pull.（你好！我在找一件毛衣。）"
- 陪练：" Nous avons des pulls en laine de mouton. Ils sont très chauds.（我们有羊毛衫。它们很暖和。）"
- 学习者："Combien ça coûte?（多少钱？）"
- 陪练："Cela coûte 50 euros.（50 欧元。）"
- 学习者："D'accord, je le prends.（好的，我买了。）"

2）文化主题对话

在对话中引入法国文化、历史、节日等主题，拓宽学习者的知识面，同时提升语言运用能力，如讨论法国的圣诞节（Noël）：

- 陪练：" En France, Noël est une fête très importante.（在法国，圣诞节是一个非常重要的节日。）"
- 学习者："Oui, je sais. Les gens décorent l'arbre de Noël.（是的，我知道。人们装饰圣诞树。）"
- 陪练："Et ils échangent des cadeaux.（他们交换礼物。）"
- 学习者："C'est une tradition très chaleureuse.（这是一个非常温馨的传统。）"

（2）写作指导

- 基础写作：从简单的句子开始，如造句练习，给定词汇" heureux（幸福的）"，让学习者造句：" Je suis très heureux aujourd'hui.（我今天很幸福。）"。然后逐步过渡到段落写作。
- 高级写作：引导学习者进行议论文写作，要求学习者提出观点、分析原因、给出解决方案，陪练对文章的结构、语法、词汇运用等方面进行详细指导和批改。

（3）听力训练

- 日常听力材料：选取法语新闻广播（如法国国际广播电台）、简单法语对话录音、法语歌曲等作为听力材料。例如，听一段关于天气的新闻报道，让学习者提取关键信息，如温度、天气状况、未来天气趋势等。
- 影视听力材料：利用法语电影、电视剧、纪录片等，如经典法语电影《Amélie》（天使爱美丽），让学习者在欣赏剧情的同时，提高听力理解能力。可以先看有字幕的版本，熟悉剧情后，再看无字幕的版本，检验进步情况。

3. 互动练习方式

（1）在线实时对话

- 视频通话：通过视频通话软件（如 Zoom、Skype 等），进行面对面的实时对话练习，让学习者感受到真实的交流氛围，提高口语表达能力和反应速度。陪练可以根据学习者的表达，及时纠正发音、语法错误，给予反馈和指导。
- 语音聊天：对于不方便视频通话的情况，可采用语音聊天方式进行互动练习，如在微信语音聊天、QQ 语音通话等平台上进行对话，同样能够保证语音交流的实时性和互动性。

（2）写作互动

- 在线文档协作：使用在线文档工具（如 Google Docs、石墨文档等），学习者在文档中进行写作练习，陪练实时查看并给予批注和修改建议，如指出语法错误、用词不当、句子不通顺等问题，并提出改进方案。同时，学习者和陪练可以在文档中进行讨论，交流写作思路和观点。
- 邮件往来：通过电子邮件的方式，学习者定期向陪练发送写作内容，陪练在收到后进行详细批改和回复，这种方式适合对写作内容进行深入的思考和修改，同时也锻炼了学习者用法语进行书面交流的能力。

（3）听力互动

陪练给学习者播放听力材料后，提出相关问题，如选择题、填空题、简答题等，检验学习者的听力理解程度。

4. 反馈与评估

（1）即时反馈

- 口语反馈：在实时对话过程中，陪练随时对学习者的发音、语法、词汇运用等方面进行纠正和指导。
- 写作反馈：在写作互动中，陪练对学习者的写作内容进行即时批注，指出错误和不足之处，并提出修改建议。

（2）定期评估

- 口语评估：每周或每两周进行一次口语评估，通过对话练习、朗读课文、话题讨论等方式，评估学习者的口语流利度、发音准确性、词汇和语法的掌握情况等。

- 写作评估：定期对学习者的写作进行评估，从文章结构、内容完整性、语法正确性、词汇丰富度等方面进行综合评价。

5. 根据学习者水平和进度调整陪练计划

（1）水平评估与分层

- 初始水平测试：在陪练开始前，通过在线测试、面试等方式，对学习者的法语水平进行全面评估，包括词汇量、语法掌握程度、听说读写能力等方面。根据测试结果，将学习者分为初学者、中级学习者、高级学习者等不同层次，以便制订针对性的陪练计划。
- 动态水平跟踪：在陪练过程中，定期（如每月或每季度）对学习者的水平进行重新评估，根据学习者的进步情况，及时调整陪练计划的难度和内容。例如，如果学习者在词汇和语法方面进步明显，能够熟练运用简单句型进行交流，但听力和口语还比较薄弱，陪练计划可以适当增加听力和口语练习的比重，同时继续巩固词汇和语法知识。

（2）进度调整

- 学习进度跟踪：陪练通过学习记录、作业完成情况、测试成绩等手段，实时跟踪学习者的进度，了解学习者是否按照计划完成了学习任务，是否掌握了所学内容。例如，陪练可以查看学习者在对话练习中的参与度、写作作业的提交情况、听力测试的成绩等，以此判断学习者的进度是否正常。
- 计划调整策略：根据学习者的进度，灵活调整陪练计划。如果学习者进度较快，提前完成了学习目标，陪练可以适当增加学习内容的难度和深度，如提前引入更复杂的语法知识、增加写作篇幅和要求等；如果学习者进度较慢，未能达到预期目标，陪练需要分析原因，可能是学习方法不当、学习时间不足、学习内容过难等，然后采取相应的措施，如调整学习方法、增加学习时间、降低学习内容难度等，确保学习者能够跟上进度，逐步实现学习目标。

4.6 专业术语解释

DeepSeek在专业术语解释方面展现了独特的赋能能力，主要具备以下特点。

1. 精准术语解释

DeepSeek 能够快速、准确地解释各类专业术语，无论是科学、技术、法律还是医学领域的术语，都能提供清晰、简洁的定义和解释。例如，它可以帮助用户理解复杂的学术概念或行业专有名词。

2. 背景知识拓展

除了简单的定义，DeepSeek 还可以提供术语的背景知识、应用场景和相关实例，帮助用户更全面地理解术语的含义。这种深度拓展功能使它不仅是一个翻译工具，还是一个知识助手。

3. 多语言术语解释

DeepSeek 支持多语言术语解释，能够帮助用户在跨语言学习或工作中快速理解专业术语。这使得它在国际学术交流、跨国企业合作等场景中具有重要应用价值。

4. 学术研究辅助

在学术研究中，DeepSeek 可以辅助研究人员进行文献综述、术语解释和数据解读等工作，提升研究效率。例如，它可以帮助研究人员快速理解新的研究领域中的专业术语，从而更快地进入研究状态。

请看下面的实战案例。

◎ 提示词

你作为我的专业术语解释器，能够对特定领域的专业术语进行准确、简洁的解释。请结合金融行业的专业术语，说明解释器的工作原理和实现方式。例如，如何通过关键词提取、语义分析等技术，为用户提供术语的定义、应用场景、相关概念等信息。同时，提供一些常见专业术语的解释示例，帮助用户更好地理解和使用。

◎ DeepSeek 回复

专业术语解释器的工作原理主要是通过关键词提取和语义分析等技术，为用户提供术语的定义、应用场景、相关概念等信息。以下将结合金融行业的专业术语，说明解释器的工作原理和实现方式，并提供常见专业术语的解释示例。

1. 工作原理和实现方式

- 关键词提取：解释器通过识别用户输入的关键词，如“标的”“基准利率”等，快速定位到相关的金融术语。例如，当用户输入“标的”时，解释器会识别出这是一个与金融交易相关的术语，进而提供其定义和相关信息。
- 语义分析：在提取关键词后，解释器会对术语进行语义分析，理解其在金融行业中的具体含义和用法。例如，“标的”在金融行业中指交易产品或交易工具所基于的单位证券，如IBM期权的标的即为IBM股权。
- 信息检索与整合：解释器会从数据库或知识库中检索与该术语相关的定义、应用场景、相关概念等信息，并将其整合后呈现给用户。例如，对于“基准利率”，解释器会提供其定义为某个国家/地区中央银行所确定的贷款利率，并说明其在金融市场中的重要性和应用。

2. 常见专业术语解释示例

- 标的：标的代表交易产品或交易工具所基于的单位证券。例如，IBM期权的标的即为IBM股权。应用场景包括期权交易、期货合约等，相关概念有期权、期货、证券等。
- 基准利率：某个国家/地区中央银行所确定的贷款利率。应用场景包括银行贷款、债券发行等，相关概念有利率、货币政策、金融市场等。
- 套利：购买资产并马上售出以从差价中获利的过程。套利者可利用不同市场的报价差额来获益。应用场景包括股票市场、外汇市场等，相关概念有资产、市场、价格差等。

通过上述工作原理和实现方式，专业术语解释器能够为用户提供准确、简洁的金融术语解释，帮助用户更好地理解和使用这些术语。

4.7 行业报告速读

DeepSeek在行业报告速读方面展现了独特的赋能能力，能够显著提升用户对行业报告的理解和应用效率，主要具备以下特点。

1. 快速提取关键信息

DeepSeek 能够快速扫描行业报告，提取核心内容、关键数据和主要趋势，帮助用户在短时间内把握报告的重点。

2. 快速生成摘要与分析

DeepSeek 可以根据用户输入的行业报告内容，生成简洁明了的摘要和分析。它能够提炼报告的主要观点、分析方法和结论，为用户提供快速的概览。

3. 可视化呈现

DeepSeek 支持将行业报告中的数据转化为可视化图表，帮助用户更直观地理解复杂信息。例如，它可以根据报告中的数据生成柱状图、折线图或饼图，提升信息的可读性。

4. 深度分析与预测

对于复杂的行业报告，DeepSeek 能够进行深度分析，提供市场趋势预测、竞争分析和策略建议。这使得用户不仅能够理解报告内容，还能从中获取有价值的洞察。

5. 多语言速读支持

DeepSeek 支持多种语言的行业报告速读，能够帮助用户快速理解和翻译跨语言的报告内容。

6. 实时交互与反馈

用户可以根据自己的需求，通过提示词（如 RTGO 或 CO-STAR 框架）调整 DeepSeek 的输出内容，确保生成的摘要和分析符合具体需求。

请看下面的实战案例。

◎ 提示词

介绍一种行业报告速读方法，包括如何快速定位关键信息、识别报告结构、提取核心观点等技巧。请结合互联网行业的报告特点，提供详细的速读步骤和示例。例如，如何通过标题、摘要、目录等部分快速了解报告的主题和重点，以及如何在有限的时间内获取最有价值的信息，帮助读者高效阅读行业报告。

◎ DeepSeek 回复

以下是一种行业报告速读方法，结合互联网行业报告的特点，提供详细的速读步骤和示例。

1. 速读步骤

（1）快速定位关键信息

- 利用标题和摘要：首先阅读报告的标题和摘要，快速了解报告的主题和主要内容。标题通常概括了报告的核心议题，而摘要则提供了报告的主要发现和结论。例如，一份互联网行业报告的标题可能是《2024 年互联网用户行为趋势报告》，摘要中会提到报告的主要发现，如用户在移动设备上的使用时间增加等。
- 查看目录：通过目录了解报告的结构和各部分的重点。目录通常列出了报告的主要章节和子章节，帮助你快速找到感兴趣的部分。例如，目录中可能包括“用户行为分析”“市场规模与趋势”等章节。
- 关注图表和数据：互联网行业报告中通常包含大量的图表和数据，这些信息往往比文字更直观。快速浏览图表和数据，可以迅速抓住报告的关键信息。例如，图表可能显示了不同年龄段用户在互联网上的消费行为。

（2）识别报告结构

- 引言和背景：了解报告的背景和目的，这部分通常会介绍报告的研究方法和范围。例如，报告可能会说明数据来源是对 1000 名互联网用户的调查结果。
- 主体内容：主体部分通常包括市场分析、用户行为分析、技术趋势等。快速浏览各章节的标题和小标题，了解报告的主要内容。例如，主体部分可能包括“移动互联网使用趋势”“电子商务发展现状”等章节。
- 结论和建议：结论部分总结了报告的主要发现，建议部分则提供了基于报告发现的行动建议。快速阅读结论和建议，可以了解报告的核心观点和实际应用价值。例如，结论可能指出移动互联网用户数量持续增长，建议企业加大在移动设备上的投入。

（3）提取核心观点

- 关键词提取：在阅读过程中，注意提取报告中的关键词和短语。这些关键词通常反映了报告的核心内容和重点。例如，报告中可能多次提到

"移动支付""短视频"等关键词。

- ❑ 段落主题句：每个段落的主题句通常概括了该段的主要内容。快速阅读段落的主题句，可以抓住报告的核心观点。例如，段落主题句可能指出"短视频平台的用户活跃度显著提高"。
- ❑ 总结和概括：在阅读完报告的主要部分后，尝试用自己的语言总结报告的核心观点。这有助于加深对报告内容的理解和记忆。例如，可以总结为"2024年互联网用户在移动设备上的使用时间增加，短视频平台的用户活跃度显著提高"。

2. 示例

假设你有一份《2024年互联网用户行为趋势报告》，以下是速读的具体步骤。

（1）快速定位关键信息

- ❑ 标题和摘要：阅读标题《2024年互联网用户行为趋势报告》和摘要，了解报告主要探讨了互联网用户在2024年的行为趋势，如移动设备使用时间增加、短视频平台活跃度提高等。
- ❑ 目录：查看目录，发现报告分为"用户行为分析""市场规模与趋势""技术发展"等章节。
- ❑ 图表和数据：快速浏览图表，发现图表显示了不同年龄段用户在移动设备上的使用时间，以及短视频平台的用户活跃度数据。

（2）识别报告结构

- ❑ 引言和背景：阅读引言部分，了解报告的背景是基于对1000名互联网用户的调查，目的是分析2024年的用户行为趋势。
- ❑ 主体内容：快速浏览"用户行为分析"章节，了解到用户在移动设备上的使用时间增加，以及在短视频平台上的活跃度提高。
- ❑ 结论和建议：阅读结论部分，总结报告的主要发现，如移动互联网用户数量持续增长；阅读建议部分，报告建议企业加大在移动设备上的投入。

（3）提取核心观点

- ❑ 关键词提取：提取报告中的关键词，如"移动支付""短视频"等。
- ❑ 段落主题句：阅读段落主题句，如"短视频平台的用户活跃度显著提高"。
- ❑ 总结和概括：总结报告的核心观点，如"2024年互联网用户在移动设备上的使用时间增加，短视频平台的用户活跃度显著提高"。

通过以上速读方法，你可以在有限的时间内快速获取行业报告中的关键信息，提高阅读效率。

4.8 在线课程学习

DeepSeek 在在线课程学习方面展现了独特的赋能能力，能够显著提升学习效率和个性化体验，主要具备以下特点。

1. 个性化学习路径定制

DeepSeek 能够根据学生的学习进度、兴趣和目标，制定个性化的学习路径。在线教育平台可以利用 DeepSeek 为学生推荐适合其水平的课程内容，帮助学生更高效地达成学习目标。

2. 实时辅导与答疑

DeepSeek 可以作为智能辅导工具，为学生提供实时的学科辅导，例如数学、科学等科目的解题指导。它能够根据学生的问题提供详细的解答和思路分析，帮助学生更好地理解知识点。

3. 自动批改作业

DeepSeek 能够自动批改学生的作业，节省教师的时间。这一功能不仅提高了教学效率，还能为学生提供即时反馈，帮助他们及时纠正错误。

4. 跟踪与反馈学习进度

DeepSeek 可以跟踪学生的学习进度，分析学习数据，并为教师和学生提供科学的反馈。教师可以根据这些数据调整教学策略，优化教学内容，从而提高教学质量。

5. 支持创建虚拟实验室

DeepSeek 支持创建虚拟实验室，帮助学生进行科学实验或其他实践操作。这种虚拟环境可以为学生提供更丰富的学习体验，尤其是在资源有限的情况下。

6. 支持语言学习

DeepSeek 可以作为语言学习助手，提供实时翻译和发音纠正功能。这对于学习外语的学生来说尤其有帮助，能够提升语言学习的效率和准确性。

7. 智能管理题库与自动生成试卷

DeepSeek 能够智能管理题库并自动生成试卷，确保题目与教学目标一致。这一功能不仅减轻了教师的工作负担，还能为学生提供多样化的练习机会。

8. 提供虚拟导师服务

DeepSeek 可以作为虚拟导师，为学生提供实时的学习支持和问题解答。它能够根据学生的学习情况提供个性化的建议和指导，帮助学生更好地完成学习任务。

9. 快速生成教案框架

对于教师而言，DeepSeek 能够快速生成教案框架，包括课程导入、教学互动环节设计以及课后作业建议。这不仅节省了备课时间，还能帮助教师设计更丰富、更有效的教学内容。

请看下面的实战案例。

◎ 提示词

设计一个在线课程学习助手，帮助学习者更好地规划学习进度、记录学习笔记、解答学习疑问等。请结合具体的在线课程平台（如 Coursera、网易云课堂等）的特点，说明学习助手的功能和实现方式。例如，如何根据课程大纲制订学习计划、如何自动整理课程笔记、如何通过智能问答解答学习中的问题等，帮助学习者提升在线学习效果。

◎ DeepSeek 回复

以下是一个在线课程学习助手的设计方案，结合了 Coursera 和网易云课堂等在线课程平台的特点，并说明了学习助手的功能和实现方式。

1. 功能与实现方式

（1）学习进度规划

- ❑ 根据课程大纲制订学习计划：学习助手可以自动解析 Coursera 等平台的课程大纲，将其分解为具体的学习任务，并根据学习者的可用时间、学习目标等因素，生成个性化的学习计划。例如，如果课程大纲分为 10 个模块，学习助手可以根据学习者每周可投入的学习时间，合理分配每个模块的学习时间。
- ❑ 进度跟踪与提醒：学习助手可以与网易云课堂等平台的学习进度管理功

能相结合，自动同步学习者的课程完成情况，并通过日历提醒、邮件提醒等方式，督促学习者按时完成学习任务。例如，学习者在网易云课堂上标记了某个课时为“重要”，学习助手可以将其纳入重点复习计划，并在适当的时间提醒学习者进行复习。

（2）**学习笔记记录**

- 自动整理课程笔记：学习助手可以利用自然语言处理技术，对课程视频中的语音内容进行实时转录，并结合课程 PPT、讲义等文字材料，自动生成结构化的学习笔记。例如，NotebookLM 可以对用户上传的文档进行智能解析、自动分类、提取关键信息，并生成易于理解的笔记内容。
- 笔记管理与分享：学习助手可以支持笔记的分类管理、标签标注等功能，方便学习者快速查找和整理笔记。同时，学习者可以将笔记同步到有道云笔记等第三方笔记应用，或分享到社交网络，加强学习交流。

（3）**学习疑问解答**

- 智能问答系统：学习助手可以构建一个智能问答系统，利用自然语言处理和知识图谱技术，对学习者提出的问题进行理解和分析，并从课程资料、学习笔记、网络资源中检索相关信息，提供准确的答案。例如，NotebookLM 通过 RAG 技术，提升了问答的准确性。
- 社区互动与专家支持：学习助手可以整合在线课程平台的社区功能，将学习者的问题推送给相关学习者或讲师，促进 peer-to-peer 学习和知识分享。同时，平台可以提供专家指导和答疑服务，帮助学习者解决更复杂的问题。

2. 总结

该在线课程学习助手通过与 Coursera、网易云课堂等在线课程平台的深度整合，利用自然语言处理、知识图谱等技术，为学习者提供了学习进度规划、学习笔记记录、学习疑问解答等功能，帮助学习者更好地管理学习过程，提升在线学习效果。

4.9 兴趣技能培训

DeepSeek 在兴趣技能培训方面展现了独特的赋能能力，通过多种功能为学习者提供个性化、高效的学习体验，主要具备以下特点。

1. 个性化学习路径定制

DeepSeek 能够根据学习者的学习进度和能力水平，生成定制化的学习路径。通过分析学习者的行为数据和反馈，DeepSeek 可以动态调整学习内容和难度，确保学习过程既高效又有趣。

2. 职业培训与技能提升

DeepSeek 不仅支持兴趣学习，还广泛应用于技能培训领域。企业可以利用 DeepSeek 为员工提供定制化的培训课程，帮助员工提升专业技能。

请看下面的实战案例。

◎ 提示词

制定一个兴趣技能培训路径，包括兴趣评估、技能选择、学习资源推荐、学习计划制订、实践与反馈等环节。请结合绘画，说明如何根据个人兴趣和目标，设计合适的培训路径。例如，如何通过兴趣测试确定兴趣方向，如何选择合适的学习资源和课程，以及如何通过实践和反馈不断提升技能水平，帮助用户实现兴趣技能的系统化培训。

◎ DeepSeek 回复

以下是一个以绘画为例的兴趣技能培训路径设计。

1. 兴趣评估

- ❑ 自我反思：回顾自己对绘画的喜好程度、绘画时的感受、最喜欢的绘画类型等，明确自己对绘画的兴趣方向。
- ❑ 兴趣测试：可以参加一些在线的兴趣测试，如霍兰德职业兴趣测试等，了解自己在艺术领域的兴趣倾向。
- ❑ 作品欣赏：浏览不同风格、不同主题的绘画作品，记录下自己最喜欢的类型和风格，进一步明确兴趣方向。

2. 技能选择

- ❑ 基础技能：对于初学者，建议先从绘画的基础技能入手，如素描、色彩、构图等。
- ❑ 风格选择：根据兴趣评估的结果，选择自己喜欢的绘画风格，如写实、抽象、卡通等。

- 工具选择：根据所选风格和技能，选择合适的绘画工具，如铅笔、水彩、油画等。

3. 学习资源推荐

- 在线课程：如Coursera、网易云课堂等平台上的绘画课程，可以根据自己的需求和水平选择合适的课程。
- 书籍：推荐一些绘画技巧和理论的书籍，如《素描的诀窍》《色彩与光线》等。
- 网站和论坛：如绘画艺术网、绘画论坛等，可以获取绘画技巧、作品欣赏、交流学习等资源。
- 线下课程：如果条件允许，可以参加一些线下的绘画培训班或工作坊，与老师和同学面对面交流学习。

4. 学习计划制订

- 短期计划（1～3个月）：重点学习绘画的基础知识和技能，如素描的基本技巧、色彩的基本原理等。可以制定每周的学习目标和练习任务，如每周完成一定数量的素描练习。
- 中期计划（3～6个月）：在掌握基础技能的基础上，开始尝试不同风格和主题的绘画创作。可以参加一些绘画比赛或展览，提高自己的绘画水平和自信心。
- 长期计划（6个月以上）：根据自己的兴趣和目标，深入学习和研究某个绘画领域或风格，形成自己的绘画风格和特色。可以考虑参加一些专业的绘画培训或进修课程，不断提升自己的绘画技能和艺术修养。

5. 实践与反馈

- 实践练习：定期进行绘画练习，如每天或每周完成一定数量的绘画作品。可以尝试不同的绘画风格和主题，不断挑战自己。
- 作品评估：对自己的绘画作品进行评估，可以从构图、色彩、技巧等方面进行分析，找出自己的优点和不足。
- 反馈与调整：根据作品评估的结果，及时调整自己的学习计划和练习方法。可以向老师、同学或绘画爱好者寻求反馈和建议，不断提升自己的绘画技能。
- 展示与分享：将自己的绘画作品展示给他人，如参加绘画展览、在社交媒体上分享等，获取更多的反馈和认可，同时也可以激发自己的创作热情和动力。

通过以上的发展路径，结合个人的兴趣和目标，可以系统地发展绘画技能，不断提升自己的绘画水平和艺术修养。

4.10　儿童教育

DeepSeek 在儿童教育方面展现了独特的赋能能力，通过多种创新应用为儿童教育带来了全新的体验，主要具备以下特点。

1. 个性化学习体验

DeepSeek 能够根据儿童的兴趣、学习进度和能力水平，生成个性化的学习路径和内容。例如，它可以根据孩子的阅读水平推荐合适的书籍，并通过智能问答互动深化孩子对故事情节和角色关系的理解。此外，DeepSeek 还可以为孩子提供定制化的复习计划，帮助他们高效学习。

2. 智能辅导与互动

DeepSeek 可以作为智能辅导工具，实时解答孩子的学习问题，提供详细的讲解和学习建议。例如，学而思推出的“随时问”App 利用 DeepSeek 的底层技术，为孩子提供 AI 一对一数学辅导。此外，DeepSeek 还能通过语音对话与孩子互动，解答问题、参与游戏和讲述故事，增强学习的趣味性。

3. 创意与想象力激发

DeepSeek 能够激发儿童的创造力和想象力。例如，英荔教育接入 DeepSeek 后，推出了面向少儿的《AIGC 应用课》，涵盖文生图、文生视频等操作，让孩子在学习中放飞想象力。此外，DeepSeek 还可以辅助孩子进行创意写作，提供写作框架和灵感，帮助他们拓展思维边界。

4. 心理健康支持

DeepSeek 不仅能在学习上提供帮助，还在心理健康方面发挥了重要作用。它为孩子提供了一个安全、匿名的倾诉空间，帮助他们梳理情绪、提升心理韧性。例如，一位面临学业压力的高中生通过与 DeepSeek 交流，逐渐找回了自信，并找到了解决问题的方法。

5. 多学科知识整合

DeepSeek 能够将不同学科的知识联系起来，帮助孩子构建完整的知识网络。例如，它可以通过对话帮助孩子理解复杂的科学问题，甚至在化学、物理等学科中提供交互式学习体验。

6. 教育普惠与降低技术门槛

DeepSeek 通过自然语言交互降低了技术门槛，让没有编程基础的孩子也能调用顶尖 AI 工具。例如，叫叫平台接入 DeepSeek 后，孩子可以使用 AI 生成高质量的题目和学习资源，解决了传统教育中耗时耗力的问题。

7. 课堂互动与管理

DeepSeek 可以应用于“人机协同双师课堂”，结合真人教师和 AI 助手的优势，提升教学效果。AI 助手可以实时解答学生问题、提供个性化学习建议，并整合丰富的教学资源，如多媒体资料和互动练习。

8. 实时点评与反馈

DeepSeek 能够为孩子的创作提供实时点评和修改建议。例如，叫叫的小作家产品中接入 DeepSeek 后，可以对孩子的写作作品进行点评，帮助他们提升创作水平。

请看下面的实战案例。

◎ 提示词

编写一份儿童教育指南，包括如何设计互动游戏、如何引导孩子思考、如何激发学习兴趣、如何进行亲子互动等方法。请针对小学生，提供具体的互动活动示例和操作步骤。例如，如何通过故事讲述、手工制作、科学实验等方式，让孩子在玩耍中学习新知识，同时说明如何根据孩子的反应调整互动方式，帮助家长更好地参与孩子的教育过程。

◎ DeepSeek 回复

儿童教育指南

1. 设计互动游戏

（1）故事讲述

1）目的：培养孩子的语言表达能力、想象力和创造力

2）示例：《小红帽》故事讲述

3）操作步骤：

- 准备《小红帽》的故事书或相关图片。
- 以生动有趣的语言为孩子讲述《小红帽》的故事，在讲述过程中可以适当加入一些声音效果和表情动作，吸引孩子的注意力。
- 讲述完故事后，可以提问孩子一些问题，如“小红帽为什么要给奶奶送食物”“大灰狼为什么要骗小红帽”等，引导孩子思考故事中的情节和道理。
- 鼓励孩子自己复述故事，可以让孩子尝试用自己的语言将故事讲述出来，培养孩子的语言表达能力。
- 和孩子一起扮演故事中的角色，如小红帽、奶奶、大灰狼等，通过角色扮演让孩子更深入地理解故事中的角色和情节。

根据孩子的反应调整：如果孩子对故事中的某个情节特别感兴趣，可以进一步地拓展和深入，如详细讲述大灰狼的特点和行为，引导孩子思考如何避免遇到类似的情况；如果孩子对角色扮演比较感兴趣，可以增加角色扮演的环节和难度，如让孩子自己设计角色的服装和道具。

（2）手工制作

1）目的：培养孩子的动手能力、创造力和审美能力

2）示例：制作简易风筝

3）操作步骤：

- 准备制作风筝的材料，如竹签、宣纸、胶水、线等。
- 向孩子展示风筝的成品，引起孩子的兴趣，可以给孩子讲解风筝的历史和文化背景，让孩子对风筝有更深入的了解。
- 与孩子一起制作风筝，可以先让孩子观察制作过程，然后逐步引导孩子参与进来，如让孩子帮忙粘贴宣纸、绑线等。
- 在制作过程中，可以向孩子讲解一些基本的物理原理，如风筝的升力、阻力等，让孩子在动手制作的同时学习科学知识。
- 制作完成后，可以带孩子到户外放风筝，让孩子体验放风筝的乐趣，同时可以引导孩子观察风筝在空中的飞行姿态，进一步了解风筝的飞行原理。

4）根据孩子的反应调整：如果孩子对制作过程比较感兴趣，可以让孩子尝试自己设计风筝的形状和图案，发挥孩子的创造力；如果孩子对放风筝比较感兴趣，可以带孩子到不同的地方放风筝，如公园、海边等，让孩子体验不同的放风筝环境和乐趣。

（3）科学实验

1）目的：培养孩子的科学思维、观察力和实验能力

2）示例：制作彩虹

3）操作步骤：

- 准备制作彩虹的材料，如水盆、镜子等。
- 向孩子讲解彩虹的形成原理，让孩子对彩虹有初步的了解。
- 与孩子一起进行实验，可以先将水盆放在阳光充足的地方，然后将镜子放入水中，调整镜子的角度，使阳光反射到墙上形成彩虹。
- 在实验过程中，可以引导孩子观察彩虹的颜色、形状和变化，让孩子了解彩虹的特点和形成条件。
- 实验结束后，可以让孩子尝试自己调整镜子的角度和位置，观察彩虹的变化，进一步加深对彩虹形成原理的理解。

4）根据孩子的反应调整：如果孩子对实验过程比较感兴趣，可以让孩子尝试自己设计实验，如改变水盆的大小、镜子的角度等，观察实验结果的变化；如果孩子对彩虹的形成原理比较感兴趣，可以进一步拓展和深入，如讲解光的折射、反射等原理，让孩子更深入地了解彩虹的形成过程。

2. 引导孩子思考

（1）提问引导

1）目的：培养孩子的思考能力和逻辑思维能力

2）示例：在故事讲述过程中提问

3）操作步骤：

- 在讲述故事的过程中，适时提出一些问题，如“为什么小红帽要给奶奶送食物”“大灰狼为什么要骗小红帽”等，引导孩子思考故事中的情节和道理。
- 给孩子足够的时间思考，不要急于告诉孩子答案，让孩子自己思考和探索。
- 鼓励孩子表达自己的想法，可以让孩子用自己的语言回答问题，培养孩

子的语言表达能力和思维能力。

- 对孩子的回答进行肯定和鼓励，即使孩子的回答不完全正确，也要给予肯定和鼓励，让孩子保持思考的积极性。
- 根据孩子的回答，进一步引导孩子思考，如孩子回答“小红帽要给奶奶送食物是因为奶奶生病了”，可以进一步引导孩子思考“奶奶生病了，小红帽应该怎么做”等问题。

4）根据孩子的反应调整：如果孩子对某个问题比较感兴趣，可以进一步拓展和深入，如详细讲解小红帽和奶奶之间的感情，引导孩子思考家庭成员之间的关系和责任；如果孩子对某个问题比较困惑，可以换一种方式提问，如用更简单易懂的语言重新表述问题，或者通过举例等方式帮助孩子理解问题。

（2）讨论引导

1）目的：培养孩子的思考能力和社交能力

2）示例：与孩子讨论环保问题

3）操作步骤：

- 选择一个孩子感兴趣的话题，如环保问题，引起孩子的兴趣，可以给孩子讲解一些环保知识，如垃圾分类、节能减排等，让孩子对环保有初步的了解。
- 与孩子一起讨论环保问题，可以提出一些问题，如“我们应该如何保护环境”“我们可以做些什么来减少垃圾”等，引导孩子思考环保问题的解决方案。
- 鼓励孩子表达自己的想法，可以让孩子提出自己的建议和想法，培养孩子的思考能力和创造力。
- 对孩子的想法进行肯定和鼓励，即使孩子的想法不完全正确，也要给予肯定和鼓励，让孩子保持思考的积极性。
- 根据孩子的想法，进一步引导孩子思考，如孩子提出“我们可以少用塑料袋”，可以进一步引导孩子思考“我们可以用什么来代替塑料袋”等问题。

4）根据孩子的反应调整：如果孩子对某个话题比较感兴趣，可以进一步拓展和深入，如详细讲解环保问题的严重性和紧迫性，引导孩子思考如何从自身做起，保护环境；如果孩子对某个话题比较困惑，可以换一个话题，或者通过举例等方式帮助孩子理解问题。

3. 激发学习兴趣

（1）游戏化学习

1）目的：激发孩子的学习兴趣和积极性

2）示例：数学游戏

3）操作步骤：

- 选择一个孩子感兴趣的数学知识点，如加减法，准备一些相关的游戏道具，如数字卡片、算式卡片等。
- 向孩子讲解游戏规则，如将数字卡片和算式卡片混合在一起，让孩子抽取卡片，根据卡片上的数字和算式进行计算，计算正确可以获得一定的奖励。
- 与孩子一起玩游戏，在游戏过程中可以适时地提出一些问题，如“这个算式的结果是多少”“你可以用其他的方法来计算吗”等，引导孩子思考和学习。
- 鼓励孩子在游戏中学习，可以让孩子尝试自己出题，或与其他孩子或家长进行比赛，增加游戏的趣味性和挑战性。
- 根据孩子的游戏表现，给予适当的奖励和鼓励，让孩子保持学习的积极性。

4）根据孩子的反应调整：如果孩子对某个游戏比较感兴趣，可以增加游戏的难度和复杂性，如增加数字卡片的数量和算式卡片的难度，让孩子在游戏中不断挑战自己，提高学习能力；如果孩子对某个游戏比较厌倦，可以换一个游戏，或者调整游戏规则，增加游戏的新鲜感和趣味性。

（2）奖励激励

1）目的：激发孩子的学习动力和积极性

2）示例：阅读奖励计划

3）操作步骤：

- 制订一个阅读奖励计划，如孩子每读完一本书可以获得一定的奖励，奖励可以是小礼物、贴纸、积分等。
- 向孩子讲解阅读奖励计划，让孩子了解阅读的好处和奖励的规则，激发孩子的阅读兴趣。

- ❑ 鼓励孩子阅读，可以为孩子推荐一些适合的书籍，如童话故事、科普读物等，让孩子在阅读中学习新知识。
- ❑ 记录孩子的阅读进度，可以制作一个阅读记录表，记录孩子读过的书籍和阅读时间，让孩子看到自己的阅读成果。
- ❑ 根据孩子的阅读表现，给予适当的奖励和鼓励，让孩子保持阅读的积极性。

4）根据孩子的反应调整：如果孩子对某个奖励比较感兴趣，可以增加奖励的吸引力，如增加奖励的数量和种类，让孩子更有动力去完成阅读任务；如果孩子对某个奖励比较厌倦，可以换一个奖励，或者调整奖励规则，增加奖励的新鲜感和趣味性。

4. 进行亲子互动

（1）亲子游戏

1）目的：增进亲子关系，培养孩子的团队合作精神

2）示例：亲子接力赛

3）操作步骤：

- ❑ 选择一个适合亲子互动的游戏，如亲子接力赛，准备一些游戏道具，如接力棒、障碍物等。
- ❑ 向孩子和家长讲解游戏规则，如家长和孩子分成两队，进行接力赛，每个队员需要绕过障碍物，将接力棒传递给下一个队员，最先完成接力的队伍获胜。
- ❑ 组织孩子和家长进行游戏，在游戏过程中可以适时地提出一些问题，如"你们队的策略是什么""你们如何才能更快地完成接力"等，引导孩子和家长思考合作方式。
- ❑ 鼓励孩子和家长在游戏中互动，可以让孩子和家长互相加油鼓励，增加游戏的趣味性，培养团队合作精神。
- ❑ 根据孩子的游戏表现，给予适当的奖励和鼓励，让孩子和家长保持游戏的积极性。

4）根据孩子的反应调整：如果孩子对某个游戏比较感兴趣，可以增加游戏的难度和复杂性，如增加障碍物的数量和难度，让孩子和家长在游戏中不断挑战自己，提高团队合作能力；如果孩子对某个游戏比较厌倦，可以换一个游

戏，或者调整游戏规则，增加游戏的新鲜感和趣味性。

（2）亲子阅读

1）目的：增进亲子关系，培养孩子的阅读习惯

2）示例：亲子共读

3）操作步骤：

- 选择一本适合亲子共读的书籍，如《小王子》，准备一些阅读道具，如书签、笔记本等。
- 向孩子和家长讲解阅读的目的与意义，让孩子和家长了解阅读的好处，激发孩子的阅读兴趣。
- 与孩子和家长一起阅读，在阅读过程中可以适时地提出一些问题，如"你觉得小王子为什么要离开自己的星球""你最喜欢书中的哪个角色"等，引导孩子和家长思考、交流。
- 鼓励孩子和家长在阅读中互动，可以让孩子和家长互相分享自己的阅读感受与想法，增加阅读的趣味性和互动性。
- 根据孩子的阅读表现，给予适当的奖励和鼓励，让孩子和家长保持阅读的积极性。

4）根据孩子的反应调整：如果孩子对某本书比较感兴趣，可以增加阅读的深度和广度，如详细讲解书中的情节和道理，引导孩子和家长深入思考与交流；如果孩子对某本书比较厌倦，可以换一本书，或者调整阅读方式，如让孩子和家长轮流朗读，增加阅读的新鲜感和趣味性。

4.11 科普内容生成

DeepSeek在科普内容生成方面展现了独特的赋能能力，通过多种功能为科普教育提供了高效、精准且多样化的支持，主要具备以下特点。

1. 高效生成科普内容

DeepSeek能够快速生成高质量的科普文章、报告和多媒体内容。通过其文生文和文生图功能，用户只需输入关键信息，即可生成针对性的科普材料。例如，它可以将复杂的科学知识简化为通俗易懂的文字，并生成相关的图表或图像，帮助读者更好地理解。

2. 个性化科普体验

DeepSeek 可以根据受众的年龄、知识水平和兴趣，生成个性化的科普内容。这种定制化功能确保科普材料能够满足不同用户的需求，提升科普效果。

3. 多模态内容生成

除了文本内容，DeepSeek 还可以生成与科普主题相关的图像、视频等多媒体内容。这种多模态生成能力能够丰富科普材料的表现形式，提高用户的参与感和兴趣。

4. 科普内容优化

DeepSeek 能够实时分析用户反馈和学习进程，提供改进方案。这种数据驱动的优化功能确保科普内容能够根据用户需求不断调整和改进。

请看下面的实战案例。

◎ 提示词

开发一个科普内容生成器，能够根据用户输入的主题或关键词，生成通俗易懂、趣味性强的科普文章。请结合天文，说明生成器的工作原理和内容生成逻辑。例如，如何通过知识图谱和自然语言处理技术，将复杂的科学知识转化为简单易懂的语言，并添加生动的案例和插图，帮助读者更好地理解和接受科普内容。同时，提供一些生成的科普文章示例，展示生成器的效果。

◎ DeepSeek 回复

以下是一个以天文为主题的科普内容生成器的设计方案

1. 工作原理

- 知识图谱构建：构建一个包含天文领域各种知识点的知识图谱，如恒星、行星、星系等的基本信息、相互关系等。知识图谱中的节点表示知识点，边表示知识点之间的关系。
- 自然语言处理技术应用：利用自然语言处理技术，对用户输入的主题或关键词进行分析和理解，提取关键信息。然后，根据知识图谱中的信息，生成通俗易懂、趣味性强的科普文章。
- 内容生成逻辑：生成器会根据用户输入的主题或关键词，在知识图谱中查找相关知识点，并按照一定的逻辑顺序组织内容。同时，生成器会添加生动的案例和插图，帮助读者更好地理解和接受科普内容。

2. 内容生成逻辑

- 主题理解与关键词提取：对用户输入的主题或关键词进行分析，提取关键信息，如“太阳系”“黑洞”等。
- 知识点检索与筛选：根据提取的关键词，在知识图谱中检索相关的知识点，并筛选出适合科普的内容。
- 内容组织与逻辑构建：将筛选出的知识点按照一定的逻辑顺序组织起来，如从基础到深入、从现象到本质等。
- 语言转换与优化：将复杂的科学知识转化为简单易懂的语言，同时优化文章的表达方式，使其更具趣味性和可读性。
- 案例与插图添加：根据内容需要，添加生动的案例和插图，帮助读者更好地理解和接受科普内容。

3. 生成的科普文章示例

以下是一篇以“太阳系”为主题的科普文章示例。

太阳系：我们的宇宙家园

你是否曾仰望星空，好奇我们所在的太阳系到底是什么样子？今天，就让我们一起探索这个神秘而美丽的宇宙家园。

太阳系是由太阳和围绕它运动的八大行星组成的。这八大行星分别是：水星、金星、地球、火星、木星、土星、天王星和海王星。它们按照离太阳的距离由近到远排列，形成了我们熟悉的太阳系结构。

太阳是太阳系的中心，它是一颗恒星，通过核聚变产生巨大的能量。这些能量以光和热的形式辐射到太阳系的各个角落，为行星提供了生命所需的能量。地球是我们居住的星球，它位于太阳系的宜居带内，拥有适宜生命存在的温度和环境。地球上有丰富的水资源和多样的生物，是目前已知的唯一存在生命的行星。

除了行星，太阳系中还有许多小天体，如小行星、彗星等。小行星带位于火星和木星之间，是由许多小行星组成的区域。彗星则是一些由冰和尘埃组成的小天体，它们在接近太阳时会形成美丽的彗尾。

太阳系的形成可以追溯到约46亿年前。当时，一团巨大的气体和尘埃云在引力的作用下开始收缩，形成了太阳和周围的行星。这个过程充满了神秘和奇迹，也是科学家们一直在探索的课题。

通过了解太阳系，我们不仅能够更好地认识宇宙，还能激发对科学的兴趣和探索精神。希望这篇科普文章能够帮助你更好地理解太阳系，感受宇宙的奥秘和美丽。

|第 5 章| CHAPTER

使用 DeepSeek 高效生活

5.1 旅行攻略生成

DeepSeek 在旅行攻略生成方面展现了独特的赋能能力，可以为用户提供高效、个性化且智能化的旅行规划体验，主要具备以下特点。

1. 高效生成个性化旅行攻略

DeepSeek 能够根据用户输入的目的地、旅行时间、预算、兴趣偏好等信息，快速生成详细的旅行攻略。例如，用户可以要求生成一个五一期间 5 天、预算 5000 元、和家人一起去成都的旅游攻略，DeepSeek 会在几分钟内生成涵盖行程安排、美食推荐、住宿建议和交通指南的完整攻略。

2. 智能推理与规划

DeepSeek 采用了先进的思维链（Chain of Thought，CoT）推理技术，模拟人类规划行程时的逻辑链条，从“用户需求分析”到“景点关联性判断”，再到“时间、交通、体力消耗的动态平衡”，生成高度拟人化的行程规划。例如，在规划“5 天贵州亲子游”时，它会优先考虑亲子用户对安全性和趣味性的需求，筛选适合的景点并合理安排行程。

3. 实时优化与贴心提示

DeepSeek 不仅能生成旅行攻略，还会结合实时数据优化路线，推荐小众景点，甚至预判天气与客流高峰。例如，在贵州冬季旅行时，它会根据当地气候特点给出穿衣、饮食健康等贴心提示。

4. 多模态内容生成

DeepSeek 支持多模态内容生成，能够结合文本、图像、音频等多种形式，为用户提供更丰富的旅行体验。例如，它可以在攻略中插入景点图片或推荐相关的音乐，增强用户的沉浸感。

5. 智能问答与实时互动

在旅行过程中，DeepSeek 可以作为智能助手，实时解答用户的问题，如“附近有什么好吃的?”或“去某个景点的最佳路线是什么?”。这种实时互动功能让旅行更加轻松便捷。

6. 优化旅游管理与体验

DeepSeek 的接入不仅提升了用户体验，还为旅游管理部门提供了数据支持。通过分析游客的行程规划数据，管理部门可以提前预测热门景点的客流量，采取疏导措施，提高游客的游览舒适度。

请看下面的实战案例。

◎ 提示词

你计划去德国旅行，希望了解当地的热门景点、美食推荐、交通攻略和住宿建议。请根据我的旅行日期（2025 年 5 月 1 日至 5 月 7 日）、预算范围（人均预算 15000 元）和旅行偏好（文化古迹、美食体验），生成一份详细的旅行攻略。攻略应包括每日行程安排、景点推荐、交通指南、住宿建议和美食推荐等内容，确保实用性和个性化。

◎ DeepSeek 回复

以下是根据你的旅行日期（2025 年 5 月 1 日至 5 月 7 日）、预算范围（人均预算 15000 元）和旅行偏好（文化古迹、美食体验）生成的德国旅行攻略。

1. 第一天（5月1日）：抵达柏林

- 行程安排：抵达柏林后，前往酒店办理入住手续，稍作休息后开始探索柏林。
- 景点推荐：参观“勃兰登堡门”和“柏林大教堂”，感受柏林的历史与文化。
- 交通指南：从柏林泰格尔机场或舍讷费尔德机场乘坐机场大巴或地铁前往市区。
- 住宿建议：推荐入住“MEININGER Hotel Berlin Hauptbahnhof”，这是一家3星级酒店，价格适中，距离柏林火车总站很近，交通便利。
- 美食推荐：在“Nusr-Et Berlin”享用晚餐，这是一家知名的牛排餐厅，提供高品质的肉类料理。

2. 第二天（5月2日）：柏林文化之旅

- 行程安排：全天游览柏林的主要文化景点。
- 景点推荐：参观“柏林博物馆岛”，这里有许多著名的博物馆，如“博德博物馆”和“佩加蒙博物馆”。
- 交通指南：景点之间可以步行或乘坐地铁。
- 住宿建议：继续入住“MEININGER Hotel Berlin Hauptbahnhof”。
- 美食推荐：午餐在“Museumsinsel”附近的餐厅享用，晚餐可以尝试“Curry 36”，这是一家著名的咖喱香肠店。

3. 第三天（5月3日）：柏林至德累斯顿

- 行程安排：上午从柏林出发前往德累斯顿，下午开始游览德累斯顿。
- 景点推荐：参观“茨温格宫”和“森帕歌剧院”，欣赏巴洛克建筑。
- 交通指南：从柏林乘坐火车前往德累斯顿，车程约2小时。
- 住宿建议：推荐入住“NH Collection Dresden Altmarkt”，这是一家4星级酒店，位于老城中心，方便游览。
- 美食推荐：晚餐在“Dresdner Heide”享用，这是一家提供当地美食的餐厅。

4. 第四天（5月4日）：德累斯顿至慕尼黑

- 行程安排：上午继续游览德累斯顿，下午前往慕尼黑。
- 景点推荐：参观“德累斯顿圣母教堂”和“布鲁赫尔平台”，欣赏易北河的美景。

- 交通指南：从德累斯顿乘坐火车前往慕尼黑，车程约 4 小时。
- 住宿建议：推荐入住“Hotel Alfa Zentrum”，这是一家 3 星级酒店，位于慕尼黑市中心，交通便利。
- 美食推荐：晚餐在“Hofbräuhaus”享用，这是一家著名的啤酒馆，提供传统的巴伐利亚美食。

5. 第五天（5 月 5 日）：慕尼黑文化之旅

- 行程安排：全天游览慕尼黑的主要文化景点。
- 景点推荐：参观“慕尼黑王宫”和“德意志博物馆”，了解巴伐利亚的历史和科技发展。
- 交通指南：景点之间可以步行或乘坐地铁。
- 住宿建议：继续入住“Hotel Alfa Zentrum”。
- 美食推荐：午餐在“Münchner Kindl”享用，这是一家提供当地美食的餐厅，晚餐可以尝试“Spatenhaus”，这是一家著名的啤酒馆。

6. 第六天（5 月 6 日）：慕尼黑至菲森

- 行程安排：上午从慕尼黑出发前往菲森，下午游览新天鹅堡。
- 景点推荐：参观“新天鹅堡”，这是德国著名的城堡之一，被誉为“童话城堡”。
- 交通指南：从慕尼黑乘坐火车前往菲森，车程约 2 小时，再乘坐巴士前往新天鹅堡。
- 住宿建议：推荐入住“Hotel Schlosskrone”，这是一家 4 星级酒店，位于菲森市中心，方便游览。
- 美食推荐：晚餐在“Gasthof zur alten Post”享用，这是一家提供当地美食的餐厅。

7. 第七天（5 月 7 日）：菲森至慕尼黑，返程

- 行程安排：上午继续游览菲森，下午返回慕尼黑，准备返程。
- 景点推荐：参观“霍恩施万高城堡”，这是新天鹅堡的姐妹城堡，同样具有极高的历史和文化价值。
- 交通指南：从菲森乘坐巴士返回慕尼黑，再前往机场。
- 住宿建议：根据返程航班时间，可以选择在慕尼黑机场附近的酒店入住，如"Hampton By Hilton Frankfurt Airport"。

- 美食推荐：在慕尼黑享用最后一顿晚餐，推荐"Augustiner Keller"，这是一家著名的啤酒馆，提供传统的巴伐利亚美食。

8. 预算分配

- 交通费用：约 4000 元，包括往返机票、火车票和市内交通费用。
- 住宿费用：约 5000 元。

5.2 健康膳食计划生成

DeepSeek 在健康膳食计划生成方面展现了独特的赋能能力，通过个性化、智能化的服务，为用户提供高效且科学的饮食管理方案，主要具备以下特点。

1. 个性化膳食计划生成

DeepSeek 能够根据用户的健康数据（如身体状况、饮食习惯、过敏源等）和目标（如减肥、增肌、慢性病管理等），生成个性化的膳食计划。例如，美年健康的 AI 血糖管理智能体"糖豆"通过接入 DeepSeek，能够为糖尿病患者提供饮食建议。

2. 多维度数据分析

DeepSeek 能够结合用户的实时健康数据（如血糖、体重、运动量等），通过深度学习和数据挖掘技术，生成动态调整的健康管理方案。这种方案不仅包括饮食建议，还涵盖运动指导和健康风险评估。

3. 简化饮食管理流程

DeepSeek 通过极简饮食公式和懒人备餐攻略，帮助用户轻松管理饮食。例如，DeepSeek 推荐的一日五餐法既能避免饥饿感，又能保持营养均衡，同时提供超简化的备餐方案，方便用户执行。

4. 实时互动与反馈

用户可以通过与 DeepSeek 的对话式交互，实时调整饮食计划。这种互动性不仅提升了用户体验，还能根据用户的反馈优化膳食建议。

5. 健康数据驱动的建议

DeepSeek 通过分析用户的健康数据，提供科学合理的饮食建议。例如，微脉健康管理的智能应用 CareAI 接入 DeepSeek 后，能够为用户提供涵盖饮食、运动和心理健康的定制化健康管理方案。

6. 提升健康管理效率

DeepSeek 的智能化处理不仅提高了数据的精确度，还为健康管理提供了更坚实的基础。例如，某企业健康管理平台通过接入 DeepSeek，显著提升了员工的健康状况和工作效率。

请看下面的实战案例。

◎ 提示词

你是一位上班族，工作繁忙，30 岁女性，身高 165 厘米、体重 55 公斤，希望保持健康的生活方式。生成一份为期一周的健康膳食计划和日常活动量建议。膳食计划应包括每日的早餐、午餐、晚餐和零食建议，确保营养均衡，同时提供每餐的食材清单和简单烹饪方法。

◎ DeepSeek 回复

30 岁女性上班族一周健康膳食计划和日常活动量

1. 周一

- 早餐：燕麦粥（燕麦 30g、水 250ml，煮 10 ～ 15 分钟至软糯）、水煮蛋（1 个）、香蕉（1 根）。
- 午餐：糙米饭（糙米 80g、水适量，煮熟）、香煎鸡胸肉（鸡胸肉 150g，用少许橄榄油、盐、黑胡椒腌制 15 分钟后，平底锅小火煎熟）、清炒西兰花（西兰花 200g，焯水后用少量橄榄油、蒜末翻炒）。
- 晚餐：红薯（100g，蒸熟）、番茄豆腐汤（番茄 150g、豆腐 100g，番茄炒出汁后加水煮沸，放入豆腐煮 5 分钟，加盐调味）。
- 零食：无糖酸奶（100g）、杏仁（10 颗）。

2. 周二

- 早餐：全麦面包（2 片）、煎蛋（1 个）、黄瓜（1 根）。
- 午餐：藜麦饭（藜麦 70g、水适量，煮熟）、清蒸鱼（鱼 200g，加姜片、葱段、少许盐，上锅蒸 10 ～ 15 分钟）、蒜蓉菠菜（菠菜 200g，焯水后用蒜末、生抽、香油拌匀）。

- 晚餐：玉米（1根）、胡萝卜炒鸡胸肉（胡萝卜150g、鸡胸肉100g，鸡胸肉切片用生抽、淀粉腌制，胡萝卜和鸡胸肉分别炒熟）。
- 零食：苹果（1个）、腰果（10颗）。

3. 周三

- 早餐：红豆薏米粥（红豆20g、薏米20g、水300ml，提前浸泡2～3小时后煮40～50分钟）、煮玉米（1根）、鸡蛋羹（鸡蛋1个、水适量，搅拌均匀后蒸10～15分钟）。
- 午餐：荞麦面（荞麦面80g，煮熟过凉水）、红烧牛肉（牛肉150g，炖煮至软烂，加胡萝卜、土豆等配菜）、清炒油麦菜（油麦菜200g，用少量油清炒）。
- 晚餐：南瓜粥（南瓜100g、大米30g、水适量，煮至软烂）、芹菜炒香干（芹菜150g、香干100g，分别焯水后用少量油、蒜末炒熟）。
- 零食：橙子（1个）、巴旦木（10颗）。

4. 周四

- 早餐：牛奶燕麦粥（燕麦30g、牛奶200ml，小火煮5～8分钟）、煎培根（2片）、生菜（2片）。
- 午餐：红薯饭（红薯100g、大米80g，一起煮熟）、香煎三文鱼（三文鱼150g，用柠檬汁、盐、黑胡椒腌制后煎熟）、炒时蔬（时蔬200g，如西葫芦、芦笋等，用少量油炒熟）。
- 晚餐：紫菜蛋花汤（紫菜10g、鸡蛋1个，紫菜撕碎、鸡蛋打散后倒入沸水中，加盐调味）、全麦馒头（1个）、凉拌黄瓜（黄瓜1根，拍碎后加醋、生抽、蒜末拌匀）。
- 零食：酸奶（100g）、核桃（2个）。

5. 周五

- 早餐：玉米糊（玉米粉30g、水200ml，搅拌均匀后小火煮3～5分钟）、水煮蛋（1个）、小番茄（5颗）。
- 午餐：南瓜饭（南瓜100g、大米80g，一起煮熟）、宫保鸡丁（鸡胸肉150g、黄瓜100g、花生米30g，鸡肉用料酒、生抽、淀粉腌制，炒熟后加调料和配菜翻炒）。
- 晚餐：番茄意面（意面80g，煮熟过凉水）、肉酱（肉末100g，炒熟后加番茄酱、洋葱末等煮至浓稠，浇在意面上）、清炒小白菜（小白菜200g，用少量油炒熟）。

- 零食：葡萄（10颗）、夏威夷果（5颗）。

6. 周六

- 早餐：黑米粥（黑米30g、水250ml，提前浸泡后煮30～40分钟）、煎饼（1个，可加少量蔬菜）、豆浆（黄豆30g、水300ml，用豆浆机打成豆浆）。
- 午餐：米饭（大米100g，煮熟）、糖醋排骨（排骨200g，焯水后炒糖色，加醋、酱油等调料炖煮至软烂）、炒豆角（豆角200g，用少量油炒熟）。
- 晚餐：山药粥（山药100g、大米30g、水适量，煮至软烂）、香菇炒鸡肉（香菇100g、鸡胸肉100g，鸡肉切片用生抽、淀粉腌制，与香菇一起炒熟）。
- 零食：火龙果（1个）、碧根果（5颗）。

7. 日常活动量

- 周一至周五：步行上下班（单程约30分钟），工作期间每小时起身活动5分钟，进行简单的伸展运动；晚上进行30分钟的瑜伽练习。
- 周六：上午去公园散步1小时，下午在家进行40分钟的有氧操。
- 周日：和家人一起去郊外骑行2小时，晚上进行20分钟的拉伸放松运动。

以上膳食计划和运动安排可根据个人习惯和实际情况进行适当调整，确保营养均衡和身体健康。

5.3 健身方案生成

DeepSeek在健身方案生成方面展现了独特的赋能能力，通过智能化、个性化和动态化的服务，为用户提供了高效且科学的健身指导，主要具备以下特点。

1. 个性化健身计划生成

DeepSeek能够根据用户的个人数据（如体重、身高、健康状况、运动历史）和健身目标（如减脂、增肌、塑形），量身定制健身计划。例如，用户可以指定“生成一个适合初学者的减脂健身计划”，获取DeepSeek提供的详细训练安排。

2. 动态调整与实时反馈

DeepSeek生成的健身方案不是一次性的，还能根据用户的实时状态（如疲劳指数、关节活动度）和历史数据动态调整。例如，如果用户在经期，系统会自动切换到低强度的训练课程。此外，DeepSeek还支持实时语音纠偏，如在深蹲时提醒“膝盖超脚尖，建议重心后移15°”，确保用户动作的准确性。

3. 增强互动

DeepSeek通过虚拟教练系统提供影视级数字人建模，支持用户选择喜欢的教练形象（如帕梅拉等知名健身教练），并支持动作实时镜像对比指导。这种互动体验不仅提升了用户的学习兴趣，还增强了训练的科学性和安全性。

4. 提供营养与健康管理

DeepSeek不仅提供健身计划，还能结合营养建议，生成综合的健康管理方案。例如，它可以根据用户的饮食偏好和健康目标，生成个性化的饮食计划，并与健身计划协同管理。

5. 多场景应用支持

DeepSeek的健身方案生成功能不仅适用于个人用户，还被广泛应用于企业健康管理、健身平台和智能硬件设备中。例如，Keep可以利用DeepSeek的技术，为用户提供个性化健身计划，并通过AI助手Kiri提升用户体验。此外，DeepSeek还支持开发AR健身对战模式，提升用户参与度。

6. 提升健身效果与坚持率

研究表明，参与个性化健身计划的用户，其训练坚持率比常规用户高出50%。DeepSeek通过精细化的陪伴和专业指导，帮助用户更好地坚持健身计划，提升健身效果。

7. 降低健身门槛

DeepSeek通过智能化的健身方案生成，降低了健身的知识门槛和信息差，使更多人能够轻松开始健身之旅。这种技术的应用不仅提升了用户体验，还推动了健身行业的数字化和智能化转型。

请看下面的实战案例。

◎ 提示词

你最近决定开始健身，但不知道从哪里开始。作为健身初学者，目标增肌，可支配时间是每周 3 次，每次 1h，无健身房会员，但有哑铃和瑜伽垫，生成一份个性化的健身方案。方案应包括具体的锻炼动作、组数和休息时间，同时提供一些健身小贴士，帮助你更好地坚持下去。

◎ DeepSeek 回复

增肌初学者居家健身方案

1. 训练目标

在有限的时间和条件下，通过合理训练帮助你增加肌肉量，提升身体力量和整体素质。

2. 训练安排

周一：胸部与三头肌训练

- 哑铃卧推：平躺在瑜伽垫上，双手握住哑铃，向上推起，然后缓慢下放，感受胸部肌肉的拉伸和收缩。进行 3 ～ 4 组，每组 8 ～ 12 次，组间休息 1 ～ 2 min。
- 哑铃飞鸟：站立或平躺在瑜伽垫上，双手持哑铃，手臂微屈，向两侧展开哑铃，感受胸部肌肉的拉伸。进行 3 ～ 4 组，每组 10 ～ 15 次，组间休息 1 ～ 2 min。
- 哑铃臂屈伸：坐在瑜伽垫或椅子上，双手握住哑铃，向上伸直手臂，然后缓慢下放，感受三头肌的收缩。进行 3 ～ 4 组，每组 10 ～ 15 次，组间休息 1 ～ 2 min。

周三：背部与二头肌训练

- 哑铃划船：双脚分开与肩同宽，膝盖微屈，上身前倾与地面约 30°，双手握住哑铃，向上提拉哑铃，感受背部肌肉的收缩。进行 3 ～ 4 组，每组 8 ～ 12 次，组间休息 1 ～ 2 min。
- 哑铃单臂划船：一手撑在瑜伽垫或椅子上，另一手握住哑铃，向上提拉哑铃，感受背部肌肉的单侧收缩。进行 3 ～ 4 组，每组 8 ～ 12 次（每侧），组间休息 1 ～ 2 min。

- ❑ 哑铃弯举：站立或坐在瑜伽垫上，双手握住哑铃，向上弯举哑铃，感受二头肌的收缩。进行 3 ～ 4 组，每组 10 ～ 15 次，组间休息 1 ～ 2 min。

周五：肩部与腿部训练

- ❑ 哑铃肩推：坐在瑜伽垫或椅子上，双手握住哑铃，向上推起哑铃，感受肩部肌肉的收缩。进行 3 ～ 4 组，每组 8 ～ 12 次，组间休息 1 ～ 2 min。
- ❑ 哑铃侧平举：站立，双手握住哑铃，向两侧平举哑铃，感受肩部肌肉的拉伸和收缩。进行 3 ～ 4 组，每组 10 ～ 15 次，组间休息 1 ～ 2 min。
- ❑ 哑铃深蹲：双脚分开与肩同宽，双手握住哑铃，放在身体两侧，然后下蹲，感受腿部肌肉的收缩。进行 3 ～ 4 组，每组 10 ～ 15 次，组间休息 1 ～ 2 min。
- ❑ 哑铃弓步蹲：双手握住哑铃，放在身体两侧，向前迈出一步，然后下蹲，感受腿部肌肉的前后侧收缩。进行 3 ～ 4 组，每组 10 ～ 15 次（每侧），组间休息 1 ～ 2 min。

3. 训练小贴士

- ❑ 热身运动：在每次训练前，进行 5 ～ 10 min 的热身运动，如快走、慢跑或动态拉伸，帮助提高身体温度，预防受伤。
- ❑ 动作姿势：确保每个动作的姿势正确，避免使用错误的姿势导致受伤或训练效果不佳。可以在网上查找相关动作的教学视频进行学习。
- ❑ 逐渐增加重量：随着训练的进行，逐渐增加哑铃的重量，以给肌肉带来更大的刺激，促进肌肉生长。但要注意不要增加过快，以免受伤。
- ❑ 休息与恢复：保证充足的休息时间，让肌肉有足够的时间恢复和生长。每组动作之间的休息时间不宜过长，以免影响训练效果。
- ❑ 饮食搭配：增肌期间，饮食非常重要。要保证摄入足够的蛋白质、碳水化合物和健康脂肪，以支持肌肉的生长和修复。可以适当增加鸡胸肉、鱼、蛋、奶制品、豆类等富含蛋白质的食物摄入。
- ❑ 保持积极心态：健身是一个长期的过程，不要因为短期内看不到明显的效果而放弃。保持积极的心态，坚持训练，相信自己一定能够达到增肌的目标。

5.4　情感交流

DeepSeek 在情感交流方面展现了独特的赋能能力，通过多种功能为用户提供情感支持和交流指导，主要具备以下特点。

1. 情感支持

DeepSeek 能够通过智能对话提供情感支持，帮助用户缓解压力。它可以根据用户的情绪状态提供安慰、鼓励或建议，类似于一个虚拟的心理健康助手。例如，心理健康应用可以利用 DeepSeek 为用户提供情感支持和心理辅导。

2. 情感交流指导

DeepSeek 可以为用户提供情感交流的建议和技巧，帮助改善人际关系。例如，它可以通过对话形式引导用户表达情感、调整语气，甚至提供意象构建和情感节奏控制的建议。

3. 实时互动与反馈

DeepSeek 支持实时对话，能够根据用户的即时反馈调整交流内容。这种动态交互能力使得它能够在情感交流中提供更贴合用户需求的支持。

4. 情感健康资源推荐

虽然 DeepSeek 本身不能直接解决情感问题，但它可以通过智能化的信息筛选，帮助用户找到情感健康相关的文章、支持平台或其他资源。

请看下面的实战案例。

◎ 提示词

你最近和伴侣之间出现了一些小矛盾，感觉沟通不太顺畅。请开启情感交流模式，帮助你分析问题的根源，并提供一些有效的沟通技巧和建议。例如，如何表达自己的感受而不引起对方的抵触，如何倾听对方的需求，以及如何通过积极的沟通方式解决问题，改善你们的关系。

◎ DeepSeek 回复

情感交流模式：分析矛盾根源与沟通技巧建议

1. 问题根源分析

- 情绪管理不佳：在沟通时，双方可能因为情绪激动，导致无法冷静、理性地表达自己的想法和需求，进而引发争吵或冷战。例如，当一方因为工作压力大而情绪低落时，另一方可能没有及时察觉并给予安慰，反而因为一些小事指责对方，从而引发矛盾。

- 沟通方式不当：使用指责、抱怨、嘲讽等负面语言，会让对方产生抵触情绪，不愿意倾听和理解你的感受。比如，经常说“你怎么这么笨”“你从来都不关心我”等话语，会让对方觉得自己不被尊重和认可，从而关闭沟通的大门。
- 缺乏有效倾听：没有真正关注对方的需求和想法，只是急于表达自己的观点，导致双方都无法理解彼此的真正意图。例如，在对方讲述工作中的烦恼时，你可能只是在想着如何反驳或者给出自己的建议，而没有认真倾听对方的需求，让对方感觉你不重视他/她。
- 需求表达模糊：没有清晰、明确地表达自己的需求，让对方难以理解你的想法，从而无法满足你的期望。比如，你希望伴侣多陪伴你，但只是说“你最近好忙”，对方可能不知道你真正想要的是他/她抽出时间陪你聊天、看电影等具体活动。

2. 有效沟通技巧和建议

（1）表达感受的技巧

- 使用“我信息”：以“我”为开头，客观地描述事件，表达自己的感受和需求，避免指责对方。例如，“当你昨晚没有及时回复我的消息时，我感到很担心，也很孤单，我希望你能在我需要的时候及时回应我。”
- 运用情感词汇：准确地表达自己的情绪，让对方更好地理解你的感受。比如，除了说“我很生气”，还可以具体描述为“我感到非常愤怒”“我有点沮丧”“我有些失望”等。
- 注意语气和肢体语言：保持温和、平和的语气，避免大声嚷嚷或使用生硬的语调。同时，保持良好的肢体语言，如保持眼神交流、身体前倾、微笑等，让对方感受到你的诚意和亲近。

（2）倾听对方需求的方法

- 专注倾听：在对方说话时，停下手中的事情，认真地看着对方，给予充分的关注。不要打断对方的话，也不要急于表达自己的观点，让对方感受到你在认真倾听。

- 积极反馈：通过点头、回应等方式，让对方知道你在听并且理解他/她的话。例如，可以说“我明白你的意思”“你说得很有道理”“我理解你的感受”等。
- 询问细节：如果对方表达得不够清楚，可以通过询问细节来进一步了解他/她的需求和想法。比如，“你能详细说说你对这件事的看法吗？”“你希望我怎么帮助你呢？”

（3）积极沟通，解决问题

- 选择合适的时机：避免在对方情绪不好、疲惫或者忙碌的时候进行沟通。选择一个双方都比较放松、有空闲时间的时候，比如周末的晚上或者一起散步的时候，这样更容易进行有效的沟通。
- 共同解决问题：把沟通当作一个合作的过程，而不是争论胜负的场合。当出现矛盾时，双方一起探讨问题的根源，并共同寻找解决方案。例如，如果因为家务分工不均产生矛盾，可以一起商量制定一个合理的家务分工表，让双方都能接受。
- 保持耐心和理解：在沟通过程中，难免会出现一些分歧和不愉快，这时候要保持耐心，不要轻易放弃。同时，要理解对方的观点和感受，换位思考，尝试从对方的角度看待问题，这样更容易达成共识。

3. 改善关系的建议

- 增加亲密时刻：每天安排一些专属的亲密时间，比如一起喝杯咖啡、看个电影、散散步等，让双方有机会放松心情，增进感情。
- 表达爱意和欣赏：经常向伴侣表达你的爱意和欣赏，比如夸赞对方的外表、能力或者为家庭所做的贡献，让对方感受到自己的价值和被爱。
- 共同成长：鼓励彼此追求自己的兴趣爱好和职业发展，一起学习新知识、新技能，共同成长进步，这样可以让双方在精神层面上更加契合，增强感情的稳定性。
- 定期回顾和总结：每隔一段时间，和伴侣一起回顾你们的关系，总结好的经验和不足之处，共同制订改进计划，让你们的关系不断得到优化和提升。

希望这些建议能帮助你和伴侣改善沟通，解决矛盾，让你们的关系更加亲密、和谐。

5.5 法律服务

DeepSeek 在法律服务方面展现了独特的赋能能力，主要具备以下特点。

1. 法律咨询与智能问答

DeepSeek 能够为用户提供即时的法律咨询服务，通过自然语言处理技术理解用户的问题，并提供法律建议。这类似于一个 24h 在线的法律助手，能够快速解答常见法律问题，帮助用户节省时间和成本。

2. 合同审查与风险提示

法律服务平台可以利用 DeepSeek 为用户提供合同审查服务。DeepSeek 能够分析合同条款，识别潜在的法律风险，并提供修改建议。例如，律师可以通过上传合同文件，利用 DeepSeek 提取核心条款并评估合规性。

3. 法律文档生成与翻译

DeepSeek 支持自动生成法律文书，如合同、起诉状、答辩状等，并提供丰富的模板库。此外，它还支持法律文书的多语言翻译，确保不同语言版本的一致性，这对于跨境法律事务尤为重要。

4. 案例检索与分析

DeepSeek 能够快速检索相关法律案例，并提供案例分析支持。例如，在处理复杂案件时，DeepSeek 可以通过关键词检索，快速找到类似案例并提取裁判规则。这种功能不仅可以帮助律师更好地预判案件走向，还能为法官提供裁判参考。

5. 查询法律知识与合规检查

DeepSeek 可以快速搜索法律知识库，帮助用户查询法律信息。此外，它还能用于企业合规检查，帮助评估业务流程是否符合法律法规。例如，企业可以通过 DeepSeek 检查公司章程是否符合最新修订的法律法规。

请看下面的实战案例。

◎ 提示词

你最近在考虑购买一套二手房，但对购房流程和相关法律问题不太了解。请提供一些基础的法律咨询问答，帮助你了解购房合同的关键条款、产权过户的流程、可能涉及的税费，以及如何避免常见的法律风险，例如，如何确认房屋产权清晰，如何处理房屋抵押问题等。

◎ DeepSeek 回复

以下是一些基础的法律咨询问答，希望能帮助你了解二手房购房流程和相关法律问题。

1. 购房合同关键条款

问：购房合同应包含哪些关键条款？

答：购房合同应包含以下关键条款。

- ❑ 房屋基本信息：详细列明房屋的地址、面积、楼层、房号、结构、用途、产权年限等。
- ❑ 价格及支付方式：明确房屋的总价、首付款、贷款金额及支付时间节点，注明支付方式，如银行转账、现金支付等。
- ❑ 交房时间及条件：规定交房的具体时间，以及交房时应满足的条件，如房屋的清洁、设施的完好等。
- ❑ 违约责任：详细规定双方的违约责任，包括违约金的比例、支付方式及违约后的处理措施。
- ❑ 产权及过户手续：明确房屋的产权归属，以及过户的具体流程和时间节点。
- ❑ 争议解决方式：明确争议解决的方式，如协商、调解、仲裁或诉讼等。

2. 产权过户流程

问：房屋产权过户流程是怎样的？

答：房屋产权过户主要流程如下。

- ❑ 准备材料：买卖双方需提供身份证、户口簿、结婚证、房产证等相关证件，若涉及委托办理，还需提供授权委托书。
- ❑ 签订合同：双方就房屋价格、付款方式、交房时间等事项协商一致后，签订房屋买卖合同。
- ❑ 申请过户：买卖双方共同向房地产交易管理部门提出过户申请，提交准备好的材料，填写申请表。
- ❑ 缴纳税费：根据房屋性质、面积、购买年限等情况，按照规定缴纳契税、增值税、个人所得税等相关税费。税务部门审核通过后，出具完税证明。

- ❑ 审核过户：房地产交易管理部门对提交的材料及申请进行审核，符合条件的，予以办理房屋产权过户手续，核发新的房产证。
- ❑ 交房：卖方将房屋交付给买方，双方完成相关交接事项，如水电费结清等。

3. 可能涉及的税费

问：购房过程中可能涉及哪些税费？

答：购房过程中可能涉及以下税费。

- ❑ 契税：根据房屋面积和购买套数，税率一般为1%～3%。
- ❑ 增值税：房屋持有不满2年的，需缴纳增值税，税率一般为5%。
- ❑ 个人所得税：房屋持有不满5年或非家庭唯一住房的，需缴纳个人所得税，税率一般为房屋总价的1%或两次交易差额的20%。
- ❑ 印花税：按房屋总价的0.05%缴纳。
- ❑ 交易手续费：按房屋面积计算，一般为每平方米10元左右。
- ❑ 产权登记费：一般为80元/套。

4. 如何避免常见的法律风险

问：如何确认房屋产权清晰？

答：确认房屋产权清晰的方法如下。

- ❑ 查询房屋产权登记信息：向房地产管理部门查询房屋产权状况，确保房屋不存在争议和纠纷。
- ❑ 核实卖方身份：确认卖方的身份证明和房屋产权证书的真实性，以防出现欺诈行为。
- ❑ 检查房屋是否存在抵押或查封：通过查询房屋产权登记信息，确认房屋是否存在抵押或查封等限制交易的情况。

问：如何处理房屋抵押问题？

答：处理房屋抵押问题的方法如下。

- ❑ 解除抵押：在签订购房合同前，要求卖方解除房屋抵押。卖方可通过提前还款或与银行协商解除抵押。
- ❑ 在合同中约定抵押责任：在购房合同中明确约定卖方解除抵押的责任和时间节点，以及未解除抵押的违约责任。
- ❑ 保留部分房款作为保证金：在支付房款时，保留部分房款作为保证金，待房屋抵押解除后再支付。

希望以上信息能帮助你更好地了解二手房购房流程和相关法律问题。在购房过程中，建议你咨询专业律师，以确保你的权益得到充分保障。

5.6 医疗健康预检

DeepSeek在医疗健康预检方面展现了独特的赋能能力，主要具备以下特点。

1. 高效医学图像分析

DeepSeek利用先进的深度学习算法，能够快速分析医学图像，如病理切片、CT和MRI等，辅助医生进行更精准的诊断。例如，在病理诊断中，DeepSeek的准确率可达到90%，相比传统方法至少提升了15%。此外，它还能在3s内完成病灶自动标注，生成结构化的多模态报告。

2. 智能预检与诊断支持

DeepSeek能够通过智能问诊系统快速理解患者的描述症状，并结合医学知识库提供初步诊断建议。例如，卫宁健康推出的WiNEXCopilot集成DeepSeek后，可在问诊环节快速生成结构化病历模板，同时提供基于动态知识图谱的鉴别诊断推荐。

3. 疾病风险预测

DeepSeek可以分析用户的健康数据，预测疾病风险，提供个性化的健康管理方案。例如，它能够结合动态风险预测模型，对心血管等8类慢性病进行风险评估。

4. 提升医疗服务效率

DeepSeek的应用显著提升了医疗服务的效率和质量。例如，引入DeepSeek后，医院平均就诊时间缩短了，诊断速度提高，误诊率大幅下降。此外，它还能通过智能转诊推荐系统优化分级诊疗，提高基层医疗服务能力。

5. 多模态数据融合

DeepSeek能够对非结构化病历文本与影像数据联合建模，实现异构数据的融合分析。这种能力使得医生不仅依赖视觉判断，还能通过AI的辅助进行更科学的决策。

6. 远程医疗与智能监测

DeepSeek 支持远程医疗咨询和实时健康监测，通过智能穿戴设备和移动医疗应用，实时监测患者的生理指标和健康状况，及时预警潜在风险。DeepSeek 有助于打破地域限制，实现医疗资源的均衡分配。

7. 科研与临床决策支持

DeepSeek 在医学科研和临床决策中也发挥了重要作用。例如，它能够自动生成研究假设，快速筛选患者队列，提升科研效率。此外，它还能为临床决策提供个性化用药建议，整合患者的基因检测数据。

请看下面的实战案例。

◎ 提示词

你最近感觉身体有些不适，例如经常疲劳、偶尔头晕。请作为医疗健康预检助手，根据你的症状、年龄（40 岁）、性别（男性）和家族病史（无高血压、糖尿病家族史），提供一些可能的健康建议和初步诊断方向。同时，建议你是否需要就医，以及推荐一些适合的检查项目，如血常规、心电图等。

◎ DeepSeek 回复

1. 健康建议和初步诊断方向

根据你 40 岁男性、无高血压和糖尿病家族史，以及出现的疲劳和偶尔头晕的症状，可能的原因如下。

- ❑ 贫血：血常规检查可以检测是否存在贫血，贫血可能导致身体疲劳和头晕。
- ❑ 低血糖：血糖检查可以帮助判断是否存在低血糖，低血糖会引起头晕和乏力。
- ❑ 高血压或低血压：血压监测可以发现是否存在血压异常，血压波动可能导致头晕。
- ❑ 心脏问题：心电图检查可以评估心脏的电生理活动是否正常，心脏问题可能导致头晕和疲劳。
- ❑ 甲状腺功能异常：甲状腺功能检查可以排除甲状腺功能异常引起的症状。
- ❑ 睡眠不足或睡眠质量差：睡眠问题可能导致身体疲劳和头晕。
- ❑ 营养不良或饮食不当：不均衡的饮食可能导致身体缺乏必要的营养素，

引起疲劳和头晕。

2. 是否需要就医

建议你根据症状的严重程度和持续时间来决定是否就医。如果症状轻微且偶尔出现，可以先尝试改善生活方式，如保证充足的睡眠、均衡饮食、适量运动等。如果症状持续存在或加重，建议及时就医，进行进一步的检查和诊断。

3. 推荐检查项目

- 血常规检查：检测是否存在贫血、感染等问题。
- 血糖检查：检测血糖水平，排除低血糖或糖尿病的可能性。
- 血压检查：监测血压，判断是否存在高血压或低血压。
- 心电图检查：评估心脏的电生理活动，排除心脏疾病。
- 甲状腺功能检查：检测甲状腺激素水平，排除甲状腺功能异常。
- 肝肾功能检查：评估肝肾功能，排除肝肾疾病。
- 头部 CT 或 MRI 扫描：如果症状持续或加重，可能需要进行头部影像学检查，以排除脑部疾病。

4. 生活方式建议

- 保证充足的睡眠：每天保持 7 ～ 8h 的睡眠时间，避免熬夜和过度疲劳。
- 均衡饮食：摄入足够的高质量蛋白质、膳食纤维、维生素和矿物质，控制糖分和油脂的摄入量。
- 适量运动：每周进行 150 min 以上的中度有氧运动，如快走、跑步、游泳等，同时进行适当的力量训练。
- 戒烟限酒：避免吸烟和过量饮酒，减少对身体的损害。
- 保持良好的心态：适当进行放松和调节身心的活动，如瑜伽、冥想、旅游等，缓解压力。

希望这些建议对你有所帮助。如果症状持续或加重，请及时就医。

5.7 育儿知识获取

DeepSeek 在育儿知识获取方面展现了独特的赋能能力，通过与多个母婴平台的合作，为父母提供了更智能、便捷和个性化的育儿服务，主要具备以下特点。

1. 智能问答与即时指导

DeepSeek 通过自然语言处理技术，能够快速识别父母的育儿问题，并从海量知识库中精准匹配答案。无论是宝宝健康、营养饮食，还是早期教育和心理发展，父母都能随时随地获得科学、专业的解答。

2. 个性化育儿方案生成

借助机器学习技术，DeepSeek 可以根据孩子的年龄、性别、生长发育情况以及父母的育儿偏好，为每个家庭定制专属的育儿方案。这种个性化服务可以帮助父母更科学地育儿，助力孩子健康成长。

3. 情感陪伴与支持

DeepSeek 不仅提供知识支持，还能为父母提供情感陪伴。它通过倾听育儿烦恼、提供情感慰藉和建议，帮助父母缓解育儿焦虑，以更积极的心态陪伴孩子成长。

4. 多模态育儿内容生成

DeepSeek 支持多模态内容生成，能够以文字、图像、音频等多种形式，为父母提供更丰富的育儿体验。例如，它可以通过 AI 生成适合孩子的早教内容，甚至通过智能摄像头捕捉孩子的行为数据，提供针对性的育儿建议。

5. 降低育儿知识获取门槛

DeepSeek 通过智能化的问答和推荐系统，帮助父母快速找到适合自己的育儿方法，解决了育儿知识过载的问题。这种技术的应用使得育儿知识更加易于获取和理解。

请看下面的实战案例。

◎ 提示词

你是一位新手妈妈，宝宝刚刚满月，你对育儿知识感到有些迷茫。请从育儿知识百宝箱中提取一些实用的信息，例如：如何正确抱婴儿、新生儿的睡眠需求、母乳喂养的注意事项，以及婴儿常见疾病的预防方法。同时，提供一些适合新手妈妈的育儿小贴士，帮助你更好地照顾宝宝。

◎ DeepSeek 回复

以下是为你提供的实用育儿信息和小贴士，希望能帮助你更好地照顾宝宝。

1. 如何正确抱婴儿

- 保护头颈部：新生儿头大身体小，颈部肌肉未发育成熟，抱时需用手掌到手腕托住头颈，手前臂支撑身体，另一手托住臀部，让宝宝的前、后、中心处都被支撑住。
- 避免竖抱：新生儿竖抱时，头的重量全部压在颈椎上，而其颈肌无力，可能会损伤脊椎，影响生长发育，因此应横抱。
- 正确姿势：常用的腕抱法是将宝宝的头放在左臂弯里，肘部护着宝宝的头，左腕和左手护背和腰部，右小臂从宝宝身上伸过护着宝宝的腿部，右手托着宝宝的屁股和腰部。

2. 新生儿的睡眠需求

- 睡眠时间：新生儿每天睡眠时间正常范围为14～17h，充足的睡眠有助于生长激素的分泌，促进骨骼和肌肉的发育，对神经系统的成熟和记忆力的形成也有积极作用。
- 睡眠环境：要为新生儿创造安静、舒适、温暖的睡眠环境，避免强光和噪音刺激。床垫不宜过软，以免影响脊柱发育。

3. 母乳喂养的注意事项

- 饮食方面：母亲应避免进食辣椒、火锅、烧烤等辛辣刺激性食物，选择清淡、易消化的食物，可适量多摄入汤汁，促进乳汁分泌。
- 卫生方面：哺乳前需清洁乳头，避免皮肤上的汗液、污渍被宝宝吸入，降低病原菌进入宝宝消化道的风险，同时也有利于避免母亲出现乳腺炎等疾病。
- 喂养方面：喂养时需注意控制速度，避免过快导致宝宝吸入较多空气。喂奶后要拍嗝，防止吐奶和腹胀。

4. 婴儿常见疾病的预防方法

- 预防接种：按照国家规定，及时为宝宝接种各类疫苗，降低传染病风险。
- 合理喂养：提倡母乳喂养，适时添加辅食。注意辅食的种类与搭配，确保宝宝营养均衡。
- 良好生活习惯：培养宝宝良好的作息习惯，保证充足的睡眠。适当带宝宝进行户外活动，增强体质。
- 密切观察：父母需密切观察宝宝的精神状态、饮食情况、大小便等，发现异常及时就医。

5. 育儿小贴士

- 多与宝宝交流：同宝宝说话、唱歌，用眼睛温柔地注视宝宝，轻轻地抚摸宝宝，与宝宝有身体的接触，这有利于宝宝的大脑发育、精神发育以及身体生长。
- 注意宝宝啼哭：如果无异常现象，新生宝宝的啼哭是对身体有益的，是运动的一种方式，不要一听到宝宝哭就抱起来或喂奶。应观察宝宝的啼哭规律，正确判断啼哭原因，给予适当应对。
- 培养良好睡眠习惯：良好的睡眠习惯应从新生儿起就培养，避免用摇篮、摇晃、哼曲子等方式催宝宝入睡，这些是不良的睡眠习惯。
- 保持室内适宜温度：新生儿体温调节能力差，室内温度保持在22℃～26℃为宜。
- 观察宝宝大小便：通过观察新生儿的大小便情况，可以了解其消化和健康状况。正常的新生儿大便为黄色糊状，小便清澈。

希望这些信息和建议能帮助你更好地照顾宝宝，如果有任何疑问或需要进一步的帮助，建议及时咨询专业的医生或育儿专家。

5.8 家庭财务规划

DeepSeek 在家庭财务规划方面展现了独特的赋能能力，通过智能化的解决方案帮助用户高效管理家庭财务，主要具有以下特点。

1. 自动化数据处理

DeepSeek 能够自动从银行对账单、发票等单据中提取关键财务数据，减少手动录入的工作量。它还可以自动识别和修正数据中的错误或不一致，确保数据的准确性和完整性。

2. 智能分析与预测

DeepSeek 支持自动生成财务分析报告，识别收入、成本、利润等关键指标的变化趋势。此外，它还能根据历史数据和业务目标智能生成预算方案，并实时跟踪预算执行情况。

3. 提供财务规划与建议

用户可以将自己的收入和支出明细提供给 DeepSeek，让它帮助分析支出结构并制定储蓄方案。例如，用户可以询问“如何多存点钱”，获得 DeepSeek 提供的储蓄建议。

4. 智能财务数据合规管理

DeepSeek 能够自动计算应纳税额、生成税务申报表，并检查财务数据是否符合税务法规和企业规定。它还可以实时推送最新的税务政策和法规变化，确保用户及时调整税务策略。

5. 智能风险管理

DeepSeek 可以通过数据分析工具识别潜在的财务风险，如应收账款逾期或成本超支。它还可以自动整理审计所需的数据和文档，生成审计报告，减少审计工作量。

6. 智能现金流管理

DeepSeek 可以根据历史数据和业务计划预测未来的现金流状况，帮助企业或家庭提前规划资金需求。它还能智能推荐资金调度方案，确保资金使用效率。

7. 自动生成报告与报告可视化

DeepSeek 能够根据管理层或用户需求自动生成定制化的财务报告，并通过图表和仪表盘直观展示财务数据。这可以帮助用户更直观地了解家庭财务状况。

8. 成本控制与优化

DeepSeek 可以通过数据分析工具识别成本构成和变化趋势，发现成本节约的机会。它还可以自动审核报销单据，识别异常费用，确保报销流程合规。

请看下面的实战案例。

◎ 提示词

你最近计划为家庭制订一份财务规划，以应对未来的购房、子女教育和退休等大额支出。请根据你的家庭年收入（20 万元）、现有存款 5 万元、负债（无）和家庭成员（夫妻二人、一个 3 岁孩子），生成一份详细的家庭财务规划。

规划应包括储蓄计划、投资建议、保险配置和预算管理等内容，确保实用性和前瞻性。

◎ DeepSeek 回复

家庭财务规划方案

1. 家庭基本情况

- 家庭成员：夫妻二人，一个 3 岁孩子。
- 年收入：20 万元。
- 现有存款：5 万元。
- 负债：无。

2. 财务目标

- 短期目标（1 ～ 2 年）：建立紧急备用金，应对突发情况；开始进行定期储蓄和投资，为购房、子女教育和退休储备资金。
- 中期目标（3 ～ 5 年）：购买一套价值约 100 万元的房产；为子女教育储备一定的资金；增加家庭资产，提高投资收益。
- 长期目标（10 ～ 20 年）：为子女提供优质的高等教育；确保夫妻二人退休后有稳定的生活保障；实现家庭资产的稳健增长。

3. 财务规划

（1）储蓄计划

- 紧急备用金：预留 3 ～ 6 个月的家庭生活开支作为紧急备用金，约 1.5 万～ 3 万元。将这部分资金存入活期储蓄账户或货币基金，确保随时可取。
- 定期储蓄：每月从家庭收入中拿出 3000 ～ 4000 元进行定期储蓄，存期可选择 1 ～ 3 年，以获取稳定的利息收益。定期储蓄可用于未来的购房首付、子女教育等大额支出。

（2）投资建议

- 基金定投：每月投入 2000 ～ 3000 元进行基金定投，选择股票型基金和债券型基金的组合，股票型基金占比 60%，债券型基金占比 40%。基金定投具有分散风险、强制储蓄的优点，长期坚持可获得较为可观的收益，以用于子女教育和退休储备。

- 银行理财产品：将部分存款用于购买银行理财产品，选择风险较低、收益稳定的产品，如保本型理财产品或固定收益类理财产品。银行理财产品的收益一般高于定期存款，可提高家庭资产的整体收益。
- 股票投资：可根据家庭风险承受能力，适当配置一些股票投资，占比不超过家庭资产的20%。选择业绩良好、具有发展潜力的蓝筹股或成长股，长期持有，获取股息收益和资本增值。

（3）保险配置

- 健康保险：夫妻二人分别购买商业医疗保险，选择保障范围广、报销比例高的产品，如百万医疗险。同时，为孩子购买儿童医疗保险，确保在生病时能够得到及时的治疗，减轻医疗费用负担。
- 意外保险：购买意外保险，保障家庭成员在意外事故发生时能够获得一定的经济补偿。意外保险保费较低，保障额度较高，是家庭保险配置的必备险种。
- 人寿保险：考虑购买定期寿险，保障期限可选择20～30年，保额根据家庭负债和未来生活需求确定。人寿保险可在家庭主要经济支柱不幸身故时，为家庭提供经济支持，保障家人的生活。

（4）预算管理

- 制定月度预算：详细列出家庭每月的固定支出（如房贷、水电费、燃气费等）和可变支出（如食品、交通、娱乐等），根据家庭收入情况，为每项支出设定合理的预算额度。使用预算软件或电子表格记录每月的收支情况，确保支出不超过预算。
- 控制消费支出：避免不必要的消费，减少冲动购物。在购买大件商品或进行大额消费前，理性消费，充分考虑家庭的财务状况和实际需求。
- 定期评估和调整预算：每季度或每半年对家庭预算进行评估，根据家庭收入、支出和财务目标的变化，及时调整预算计划，确保预算的合理性和有效性。

4. 注意事项

- 关注市场动态：定期关注金融市场动态和投资产品信息，根据市场变化及时调整投资组合，优化家庭资产配置。
- 保持良好的信用记录：按时偿还各种债务，如信用卡欠款、贷款等，保持良好的信用记录，为未来的贷款需求提供便利。

- 加强家庭成员的沟通：家庭财务规划需要家庭成员的共同参与和支持。定期与家人沟通财务状况和规划，确保每个家庭成员都了解并遵守预算计划，共同为实现家庭财务目标而努力。

5.9 购物

DeepSeek 在购物方面展现了独特的赋能能力，主要具备以下特点。

1. 个性化购物推荐

DeepSeek 能够通过深度学习算法，挖掘用户的浏览、购买和搜索数据，构建精准的用户画像，并个性化地推荐商品。这提升了用户的购物体验。

2. 智能比价与价格实时监测

DeepSeek 可以实时监测商品价格变化，为用户提供比价服务。用户可以输入简单的指令，如“帮我比较某商品在不同平台的价格”，获得 DeepSeek 搜索的该商品在不同电商平台的价格信息，以做出最优选择。

3. 多模态数据处理

DeepSeek 具备多模态数据处理能力，能够同时处理文本、图像等多种类型的数据。它不仅能通过文字描述识别商品，还能通过图片识别商品，进一步提升比价的准确性和效率。

4. 实时更新与市场洞察

DeepSeek 能够紧跟市场潮流，智能推荐热门商品，并根据市场需求和促销活动实时更新比价信息。这种能力使得用户能够及时了解市场动态，抓住最佳购物时机。

请看下面的实战案例。

◎ 提示词

你计划购买一台新的笔记本电脑，但市场上品牌和型号众多，价格差异也很大。请作为购物比价小能手，帮助比较几款热门笔记本电脑（苹果 MacBook Air、戴尔 XPS 13、联想小新 Pro 14）的性能参数、用户评价和价格走势。同时，提供一些购买建议，例如：如何选择适合自己的配置、如何利用促销活动节省开支等。

◎ DeepSeek 回复

以下是几款热门笔记本电脑的性能参数、用户评价和价格走势，以及一些购买建议。

1. 性能参数比较

对比项	苹果 MacBook Air	戴尔 XPS 13	联想小新 Pro 14
处理器	苹果 M 系列芯片（如 M3、M4）	英特尔酷睿 Ultra 系列（如 Ultra 5 125H）	英特尔酷睿 Ultra 系列（如 Ultra 5 125H）
内存	8GB/16GB/32GB	8GB/16GB/32GB	16GB/32GB
存储	256GB/512GB/1TB/2TB	256GB/512GB/1TB	512GB/1TB
显卡	苹果集成显卡	英特尔集成显卡	英特尔集成显卡
屏幕	13.6 英寸 Retina 显示屏，2560×1664 分辨率	13.4 英寸 IPS 显示屏，1920×1200 分辨率	14 英寸 IPS 显示屏，2880×1800 分辨率
重量	约 1.24kg	约 1.2kg	约 1.46kg
电池续航	最高可达 18h	最高可达 14h	最高可达 10h

2. 用户评价

- 苹果 MacBook Air：用户普遍认为其外观设计精美，轻薄便携，性能强劲，适合日常办公和娱乐使用。同时，它的系统稳定，操作流畅，但价格相对较高，且部分用户反映接口较少，扩展性不够强。
- 戴尔 XPS 13：用户评价其外观时尚，做工精细，性能稳定，屏幕显示效果出色。此外，它的售后服务较好，但部分用户认为价格偏高，且散热性能有待提高。
- 联想小新 Pro 14：用户认为其性价比高，性能强劲，屏幕素质优秀，续航能力强。同时，它的接口丰富，扩展性好，但部分用户反映键盘手感一般，且在高负载情况下风扇噪音较大。

3. 价格走势

- 苹果 MacBook Air：价格相对稳定，但不同配置价格差异较大。一般来说，M3 芯片、8GB 内存、256GB 存储的价格在 8000 ～ 9000 元，而 M4 芯片、16GB 内存、512GB 存储的价格可能在 10000 ～ 12000 元。
- 戴尔 XPS 13：价格也较为稳定，不同配置价格差异明显。通常情况下，英特尔酷睿 Ultra 5 125H 处理器、8GB 内存、256GB 存储的价格在 7000 ～ 8000 元，而英特尔酷睿 Ultra 7 155H 处理器、16GB 内存、512GB 存储的价格可能在 9000 ～ 10000 元左右。

- 联想小新 Pro 14：价格相对较为亲民，不同配置价格差异较大。一般来说，英特尔酷睿 Ultra 5 125H 处理器、16GB 内存、512GB 存储的价格在 5000 ～ 6000 元，而英特尔酷睿 Ultra 7 155H 处理器、32GB 内存、1TB 存储的价格可能在 7000 ～ 8000 元。

4. 购买建议

（1）选择适合自己的配置

- 处理器：如果主要用于日常办公、上网、娱乐等，英特尔酷睿 Ultra 5 或苹果 M3 芯片即可满足需求；如果需要完成视频剪辑、3D 建模等高性能任务，建议选择英特尔酷睿 Ultra 7 或苹果 M4 芯片。
- 内存：一般情况下，16GB 内存可以满足大部分用户的需求；如果需要同时运行多个大型软件或进行多任务处理，建议选择 32GB 内存。
- 存储：256GB 存储可以满足基本的日常使用需求；如果需要存储大量文件、照片、视频等，建议选择 512GB 或 1TB 存储。
- 显卡：如果主要用于日常办公、上网、娱乐等，集成显卡即可满足需求；如果需要完成游戏、图形设计等高性能任务，建议选择独立显卡。

（2）利用促销活动节省开支

- 关注电商平台促销活动：如京东、天猫、苏宁易购等电商平台，在 618、双 11、年中大促等时期会有较大的优惠力度，可以关注并提前加入购物车，等待促销时购买。
- 关注品牌官网促销活动：苹果、戴尔、联想等品牌官网也会不定期推出促销活动，如新品首发优惠、节日特惠等，可以关注并及时购买。
- 利用价格监控工具：可以使用一些价格监控工具，如“慢慢买”“惠惠购物”等，设置价格提醒，当价格达到预期时会收到通知，以便及时购买。

5.10 节日祝福创意

DeepSeek 在节日祝福创意方面展现了独特的赋能能力，通过多种创新应用为传统节日增添了科技感和个性化体验，主要具备以下特点。

1. 个性化祝福内容生成

DeepSeek 能够根据用户的需求生成个性化的节日祝福语。用户可以通过简单的指令，指定祝福对象的职业、昵称、祝福语的字数等，获得 DeepSeek 快速生成的符合要求的祝福内容。例如，在春节期间，DeepSeek 仅用 6s 就生成了一首充满诗意的新年祝福语，展现了其高效的特点。

2. 多模态祝福支持

DeepSeek 不仅支持文本生成，还能结合图像生成工具（如 Stable Diffusion）生成专属插画，进一步丰富祝福内容。此外，它还可以通过 AI 视频小程序生成祝福视频，满足用户在节日中送出独特祝福的需求。

3. 降低创意门槛

DeepSeek 通过简单易用的界面和强大的生成能力，降低了节日祝福创作的门槛。即使是从未接触过 AI 技术的用户，也能通过简单的提示词生成高质量的祝福内容。例如，设计师仅用半个小时就能利用 DeepSeek 生成多个个性化的节日表情包。

4. 融入情感与文化元素

DeepSeek 在生成祝福内容时，不仅注重文字的创意，还融入了情感和文化元素。例如，在元宵节期间，DeepSeek 生成的祝福语结合了传统文化和现代科技，展现了对科技工作者的关怀和激励。

请看下面的实战案例。

◎ 提示词

母亲节即将到来，你希望给妈妈一个特别的惊喜。请作为节日祝福创意工坊，设计一份独特的母亲节祝福卡片。卡片应包含温馨的文字祝福、创意插画和个性化的设计元素，同时，提供一些适合母亲节的礼物建议，例如，手工制作的饰品、定制的相册等，帮助你表达对妈妈的爱。

◎ DeepSeek 回复

母亲节祝福卡片设计

1. 卡片设计

❑ 封面：以温馨的粉色为主色调，用金色线条勾勒出一束康乃馨的轮廓，花朵中心点缀着一颗颗晶莹的珍珠，象征着妈妈的温柔与优雅。在卡片上方，用流线型的字体写着“亲爱的妈妈，母亲节快乐”，字体颜色为淡金色，与整体色调相呼应。

- 内页：左侧是一幅创意插画，画中是妈妈和孩子在海边漫步的场景，妈妈穿着飘逸的长裙，孩子牵着妈妈的手，脸上洋溢着幸福的笑容，海浪轻轻拍打着沙滩，天空中飞翔着几只海鸥，整个画面充满了温馨与浪漫。右侧是文字祝福，用黑色楷书字体写着：

亲爱的妈妈：

在这个特别的日子里，我想对您说声谢谢。谢谢您给予我生命，让我有机会感受这个世界的美好；谢谢您的无私奉献，为我付出的一切，从不求回报；谢谢您的包容与理解，在我迷茫和犯错时，给予我最温暖的安慰和鼓励。

您的爱如涓涓细流，滋润着我的心田，让我茁壮成长。您的关怀如一盏明灯，照亮我前行的道路，让我勇敢地面对生活的挑战。妈妈，您是我心中最伟大的女人，我会永远珍惜和您在一起的时光，用我的爱回报您的养育之恩。

祝您母亲节快乐，身体健康，永远年轻美丽！

您的孩子

[具体日期]

- 封底：印有一枚小小的邮票图案，邮票上是一位母亲抱着孩子的画面，邮票周围装饰着一些小星星和爱心，寓意着妈妈的爱如星光般闪耀，永远守护着我。

2. 礼物建议

- 手工制作的饰品：可以制作一条手工编织的手链，用彩色的丝线编织成各种精美的图案，如爱心、花朵等，再搭配上一些小珠子和吊坠，如珍珠、水晶等，让手链更加精致。将手链送给妈妈，让她感受到你的心意和手工制作的独特魅力。
- 定制的相册：收集妈妈和家人一起的照片，包括小时候的照片、家庭聚会的照片、旅行的照片等，将这些照片按照时间顺序或主题分类，制作成一本精美的相册。在相册的每一页，可以写上一些温馨的话语或回忆，让妈妈在翻看相册时，能够回忆起那些美好的时光。
- 按摩器：妈妈平时操持家务，身体可能会比较疲惫，可以送她一个按摩

| 8大领域 |
高效使用DeepSeek提示词模板

工作常用

1. 邮件撰写

我要发一封工作邮件告知全员：我们的 App 要在 2025 年 6 月 1 日发布 4.0 版本，届时订单量预计增加 300%，请各个部门做好准备。

2. 会议纪要生成

根据录音，提取关键决策：用决议事项、责任人、时间节点三栏表格呈现，加粗标注有争议的内容。

把会议内容转化为 SMART 原则任务清单，标注需要跨部门协作的事项。

3. 文章撰写

创建一篇微信公众号文章，主题是“自媒体人员如何利用 AI 创建内容?”，以通俗易懂的风格、第一人称来写，多用主动句式，字数为 800。

4. FAQ 撰写

你是一个电力系统的智能客服，有人问“我家忽然没有电了，怎么排查原因”，该如何回答?

5. PPT 大纲生成

请以人工智能医疗投资为主题，用 Markdown 格式生成一份 PPT 大纲及各页简要内容，需包含封面、目录、人工智能在医疗诊断和治疗中的应用、面临的挑战、未来发展趋势、投资机遇、总结，语言简洁专业，突出关键数据和案例。

6. Excel 公式生成

帮我写 Excel 公式：提取 A 列区域为“华东区”且 D 列销售额前 5 名的产品名称。

7. 报告撰写

我要写一个 XX 投资报告，需要满足 XX，担心 XX，请写一个报告格式的模板。

市场营销

1. 行业调研

全球主要有哪些咖啡品牌，至少列出 10 家，以表格的形式提供给我，包含品牌、成立时间、公司描述等字段。

2. 竞品洞察

针对这个网址 [输入你的竞品的官网]，帮我找到：原材料采购地预测、物流合作伙伴推断、价格波动规律分析。

3. 竞品分析

我们需要对 [竞争对手品牌名称] 进行分析，该品牌与我们在 [产品类别，如智能音箱] 市场上存在竞争关系。分析内容包括其产品特点（如功能、设计、价格等）、市场定位、营销策略（如广告投放渠道、促销活动等）、销售渠道、客户评价等方面。请生成一份详细的竞品分析报告，报告要客观、准确，能够为我们提供有价值的参考信息，字数为 1500 ～ 2000，以文档形式呈现。

4. 数据洞察

请分析 2024 年越南进口 [产品 HS 编码] 数据：按季度统计 TOP10 进口商、标注有中国采购记录的企业、输出联系人挖掘方案。

5. 客户挖掘

请筛选 2023—2024 年向中国采购运动袜的欧美品牌公司。

要求：年采购量 >50 万双，有可持续发展认证，员工规模 100 ～ 500 人。

6. 文案优化

为一款防水蓝牙音箱生成文案标题，包含关键词 Waterproof Speaker、Outdoor，突出 IPX7 防水等级，语气活泼。

7. 爆品预测

请比对：近 6 个月美国海关进口数据、TikTok 相关话题讨论增长曲线、亚马逊 Best Sellers 价格分布，输出美国小商品蓝海市场推荐清单。

8. 营销方案生成

针对 [国际品牌名称] 进入 [目标国家 / 地区] 市场，制定一份本地化营销策略，分析当地文化、消费习惯和竞争对手，提出品牌定位、传播渠道和营销活动建议，字数约 2000。

9. 活动策划方案生成

举办一个 XX 手机周年庆粉丝抽奖活动，活动从 1 月 1 日到 1 月 20 日，请写出一个策划方案，包括活动规则、活动安排、推广方式和渠道等。

人力行政

1. 人才规划方案生成

你是一位人力专家。面对人工智能时代，XX 的营业厅管理人员应该掌握哪些知识，请写一份人才规划方案。

2. 招聘需求文档生成

你是一位人力专家，请写一份 3 年工作经验的大数据产品经理（用户端）的招聘需求文档。

3. 面试题和答案生成

请出 10 道 XX 云服务 To B 销售的面试题，并给出对应的答案。

4. 培训计划生成

你是公司的培训讲师，正在为即将入职的新员工设计一场全面的入职培训，该员工将会在 XX 部门工作。请结合以下几方面，设计一套针对新员工的培训项目和时间表：培训课程涵盖公司历史和业务内容，培训形式为工作坊，培训周期为 3 天。

5. 绩效指标优化

我们如何优化电话销售岗的绩效指标，让投资回报最大化?

财务法务

1. 财务管理辅助

你作为财务人员，分析这些财务数据中是否存在异常值，比如收入、成本、费用等数据的波动异常。

2. 审计计划生成

根据投资部门 2024 年的业务目标和主要投资项目，生成一份详细的内审计划，包括审计范围、重点审计项目、抽样方法和初步测试程序。

3. 合同审核

审核附件中的合同，帮我发现合同条款隐藏风险、文书格式错误、多语言合同歧义等。

4. 投资分析

请分析以下投资的回报。开一个怀旧店，该店选址要在闹市区，铺面不必很大，20 平方米即可。经营的商品不强调高价值，而要显现它的艺术魅力。它的顾客群不是真正的收藏家，而是有艺术品位的中低阶层消费者。经营的商品可以是旧的留声机、收音机、茶杯、怀表等，价格锁定在几十元至上千元。初期投入 4 万元左右，另备 2 万元流动资金进货。

政务管理

1. 政策制定辅助

你是一位资深政策分析师，现需针对 [具体政策领域] 制定新政策。请从政策背景、目标、实施步骤、预期影响等方面进行全面规划，给出一份详细且具有前瞻性的政策草案，要求贴合实际、逻辑严谨，能有效解决当下痛点问题。

2. 城市规划建议

以 [城市名称] 未来五年发展为背景，运用 AI 数据分析能力，综合考量人口增长、经济发展、环境保护等多方面因素，制定一份科学合理的城市规划方案。内容涵盖城市空间布局、基础设施建设、产业规划等关键板块，为城市可持续发展提供精准指引。

3. 公关服务优化

在 [公共服务类型] 领域，如何利用 AI 技术实现服务流程优化? 请详细阐述技术应用环节、预期效果，以及可能面临的挑战和应对策略，以助力政务服务智能化升级，提升民众满意度。

4. 应急响应策略生成

假设 [地区名称] 突发 [灾害类型] 灾害，立即启动应急预案制定程序。迅速收集灾害信息，分析受灾范围和程度，调配救援资源，规划救援路线，生成一份实时更新的应急响应指挥方案，确保救援行动高效、有序开展。

5. 民生保障提升

聚焦 [民生问题]，对相关民生项目进行可行性评估和资源分配规划。从项目立项、资金投入、实施进度到效果评估，给出全流程精细化管理建议，确保民生工程落地有声，切实提升民众获得感和幸福感。

金融理财

1. 智能客服话术生成

用户询问信用卡账单分期的手续费计算方式，以及如何在线操作办理分期。请参考附件资料，以银行智能客服的身份，详细、准确且通俗易懂地解释手续费的计算规则，包括不同期数对应的费率，并提供在线操作办理分期的完整步骤指引，确保用户能够轻松理解和顺利完成操作。

2. 信贷审批建议

参考附件资料，请分析该企业的财务报表、信用记录、市场竞争地位、管理团队情况等方面，评估其贷款违约风险，并给出相应的审批建议和贷款额度范围，同时说明风险控制措施。

3. 风险预警

近期金融市场波动较大，银行需要对投资组合进行风险预警。请根据当前宏观经济数据、行业动态、市场行情、投资组合的资产配置情况，预测可能面临的风险类型（如利率风险、汇率风险、市场风险等）和程度，并提出相应的风险应对策略，以保障投资组合的安全性和收益。

4. 投资方案生成

一位年轻的上班族客户有 10 万元闲置资金，风险承受能力中等，投资目标是资产稳健增值并兼顾一定的流动性。请根据客户的年龄、收入状况、财务目标、投资经验等因素，从内部数据库中整理资料，为其制定一份个性化的投资组合方案，包括股票、债券、基金、其他理财产品等各类资产的配置比例，并详细说明每种资产的选择理由和预期收益情况。

5. 运营优化

银行某网点的业务办理效率较低，客户等待时间较长。请分析该网点的业务流程、人员配置、设备使用情况、客户流量等因素，找出影响业务办理效率的关键问题，并提出相应的优化方案，如流程再造、人员培训、设备升级、预约系统优化等，以提高网点的运营效率和客户满意度。

制造生产

1. 产品研发建议

你是一名食品加工厂的研发人员，分析市场上的食品消费趋势、消费者口味偏好以及竞争对手的产品特点，结合本工厂的生产技术和原料资源，提出至少 3 种具有创新性的食品产品概念。

2. 工艺参数优化

你是一名机械加工领域的资深工艺工程师，面对不同材质的机械零部件加工任务，对加工过程中的切削速度、进给量、切削深度等工艺参数进行建模和优化，以实现加工精度提高 0.01 毫米，同时减少刀具磨损 20%。

3. 生产流程优化

假设你是一家设备制造工厂的流程优化顾问，基于当前工厂的生产流程布局和设备配置，对生产流程进行模拟和优化，目标是在不增加人力和设备成本的情况下，将生产效率提高 20%，并详细说明如何通过 AI 调度系统实现生产任务的智能分配和设备的高效协同工作。

4. 安全预警

作为化工生产安全负责人，根据附件中的数据，分析化工生产过程中的各类数据，包括温度、压力、流量、物料成分等，构建安全风险预警模型，以便提前 30 分钟准确预警可能发生的化学反应失控、泄漏等安全事故。

产品开发

1. 用户需求洞察

你是一名智能硬件产品经理，基于社交媒体评论、电商平台差评、用户访谈记录等多源数据，运用自然语言处理技术提取高频关键词，生成包含 3 个核心用户痛点的需求洞察报告。要求对比竞品功能参数，识别出用户满意度低于 60% 的功能模块，并提出两种突破性解决方案。

2. 竞品技术解析

你作为新能源汽车电池研发总监，针对 TOP5 竞品的电池专利文档、技术白皮书和拆解报告，创建三维技术雷达图，对比能量密度、充电效率、循环寿命等关键指标。要求运用 TRIZ 创新方法，在保证成本增幅不超过 15% 的前提下，提出 3 种突破现有技术路线的创新方案。

3. 原型设计优化

你担任医疗设备研发工程师，基于 CT 扫描数据构建患者器官数字孪生体，运用流体力学仿真和 AI 生成式设计，输出 3 种符合人体工程学的外壳设计方案。要求通过虚拟压力测试筛选出变形量 <0.1mm 的最优结构，并生成可 3D 打印的轻量化模型文件。

4. 高频场景测试验证

你作为无人机可靠性测试专家，运用蒙特卡罗方法生成包含极端天气、信号干扰、机械故障等 8 类风险场景的测试矩阵。要求设计自动化测试脚本，在数字孪生平台上完成 1000 次以上虚拟试飞，识别出故障率 >0.1% 的关键部件，并提出针对性改进方案。

5. 研发成本控制

你作为消费电子公司研发总监，建立包含物料成本、研发周期、专利壁垒等 5 个维度的决策模型。要求运用多目标优化算法，在保证产品性能达标率 ≥ 95% 的前提下，规划出 3 种不同版本（基础版、进阶版、旗舰版）的技术路线，并给出各版本供应商组合方案与风险应对策略。

器，如颈部按摩器、腰部按摩器或足底按摩器等。按摩器可以帮助妈妈缓解身体的疲劳，放松肌肉，让她在忙碌的生活中也能享受到舒适的按摩体验。

- 鲜花礼盒：选择一束妈妈喜欢的鲜花，如康乃馨、玫瑰、百合等，搭配上一些绿叶和配花，制作成一个精美的鲜花礼盒。鲜花礼盒不仅具有观赏价值，还能让妈妈感受到节日的氛围和你的祝福。
- 美容护肤品：根据妈妈的肤质和需求，选择一套适合她的美容护肤品，如洁面乳、爽肤水、乳液、面霜等。美容护肤品可以帮助妈妈保持肌肤的年轻和健康，让她在日常生活中也能注重自己的保养和护理。

希望这些建议能帮助你为妈妈准备一份特别的母亲节礼物，表达你对她的爱和感激之情。

5.11 个人形象塑造

DeepSeek 在个人形象塑造方面展现了独特的赋能能力，主要具备以下特点。

1. 个性化风格建议

DeepSeek 能够根据用户的需求和偏好，提供个性化的风格建议。例如，用户可以指定某种风格（如商务风、休闲风、复古风等），获得 DeepSeek 生成的符合该风格的穿搭建议或形象设计。

2. 场景化形象设计

DeepSeek 可以根据用户指定的场景（如面试、约会、聚会等），生成针对性的形象建议。例如，在面试场景中，DeepSeek 会推荐适合的职业装搭配和形象管理建议。

3. 智能穿搭推荐

DeepSeek 能够结合用户的身材、肤色等特征，提供智能穿搭推荐。用户可以通过简单的指令，如“根据我的肤色推荐适合的服装颜色”，获得 DeepSeek 给出的个性化的穿搭建议。

4. 实时互动与反馈

DeepSeek 支持实时互动，用户可以随时询问关于形象管理的问题，如“如何快速提升气质”或“适合我的发型是什么”，并获得即时反馈。

DeepSeek 在个人形象塑造方面提供了高效、智能化的支持，帮助用户更好地管理自己的形象，提升自信和气质。请看下面的实战案例。

◎ 提示词

你即将参加一场重要的商务会议，希望在形象上给人留下良好的印象。请作为个人形象顾问，根据你的职业金融行业、肤色小麦色、身材中等，提供一套适合的穿搭建议。建议应包括上衣、下装、鞋子、配饰的选择和搭配技巧，确保你既专业又时尚。

◎ DeepSeek 回复

金融行业商务会议穿搭建议

1. 上衣

- 西装外套：选择一套合身的深色西装外套，如藏蓝色或深灰色。西装的剪裁要合身，肩线与肩膀自然贴合，袖长刚好到手腕，衣长能覆盖臀部。面料选择质感较好的羊毛混纺材质，既有质感又不易皱。例如，可以选择一款意大利面料的西装外套，其质地细腻、手感柔软，能为整体形象加分不少。
- 衬衫：搭配一件白色或浅蓝色的衬衫。白色衬衫是最经典的选择，能与任何颜色的西装搭配，展现出简洁干练的气质。浅蓝色衬衫则增添了一丝清新感，与深色西装搭配能形成鲜明的对比，使整体造型更具层次感。衬衫的材质选择棉质或亚麻混纺，透气性好且穿着舒适。确保衬衫的领口挺括，袖口整洁，没有多余的褶皱。

2. 下装

- 西裤：选择与西装外套同色系的西裤，保持整体的协调性。西裤的版型要直筒修身，既能修饰腿型又不会显得过于紧绷。裤长要适中，站立时裤脚刚好能覆盖住皮鞋的后跟，行走时露出一小部分鞋面，展现出精致的细节感。例如，一条羊毛混纺的直筒西裤，其面料挺括有型，能很好地展现腿部线条。
- 裙子（可选）：如果想要展现女性的柔美气质，可以选择一条长度在膝盖附近的直筒裙或 A 字裙。直筒裙能凸显身材曲线，搭配西装外套显得优雅而专业；A 字裙则能修饰臀部和大腿线条，增加一丝活泼感。裙子的颜色可以选择黑色、深灰色或藏蓝色，与西装外套形成统一的色调。

3. 鞋子

- 皮鞋：选择一双黑色或深棕色的皮鞋，款式以经典的牛津鞋或德比鞋为宜。皮鞋的材质要选择优质的小牛皮，表面光滑有光泽，鞋底有一定的厚度和质感。确保皮鞋干净整洁，没有划痕或污渍。例如，一双意大利手工制作的黑色牛津鞋，其精致的工艺和舒适的穿着感，能为整体形象增添一份高端大气的感觉。
- 高跟鞋（可选）：对于女性来说，如果想要增加身高和气场，可以选择一双 3 ～ 5cm 的高跟鞋。高跟鞋的款式要简约大方，颜色与服装搭配协调。例如，一双黑色的细跟高跟鞋，能拉长腿部线条，展现出女性的优雅和自信。

4. 配饰

- 领带（可选）：如果想要增加一份正式感，可以选择一条与西装外套颜色相呼应的领带。领带的图案要简洁，如条纹或波点图案，避免过于花哨的设计。系领带时要确保领带结饱满、对称，领带的长度刚好到皮带扣的位置。
- 手表：选择一款简约大方的手表，颜色以黑色、银色或金色为宜。手表的表盘大小要适中，与手腕的比例协调。例如，一款瑞士品牌的石英手表，其精致的表盘设计和舒适的表带，能为整体形象增添一份精致感。
- 皮带：选择一条与皮鞋颜色相匹配的皮带，皮带的宽度要适中，扣头要简洁大方。例如，一条黑色的针扣皮带，其质感和款式都能与整体造型完美融合。
- 首饰（可选）：女性可以选择佩戴一条简约的项链或一对耳环，增添一份精致感。首饰的颜色要与服装搭配协调，款式要简洁大方，避免过于夸张的设计。例如，一条银色的锁骨链或一对珍珠耳环，都能为整体形象增添一份优雅。

5. 搭配技巧

- 色彩搭配：整体穿搭以深色为主色调，如藏蓝色、深灰色或黑色，这些颜色能展现出专业和稳重的气质。适当加入一些浅色元素，如白色衬衫或浅蓝色衬衫，增加整体的层次感和清新感。配饰的颜色要与服装搭配协调，避免过于花哨的颜色。

- 层次感：通过不同材质和款式的搭配，增加整体的层次感。例如，西装外套搭配衬衫和西裤，形成经典的商务穿搭；如果想要增加一些时尚感，可以在西装外套里面搭配一件高领毛衣，既保暖又时尚。
- 细节处理：注重细节的处理，如衬衫的领口要整洁，袖口要扣好；皮鞋要保持干净整洁，没有划痕或污渍；配饰要佩戴得当，展现出精致的品味。

希望这些建议能帮助你在商务会议上展现出专业、时尚的形象！

5.12 宠物养护

DeepSeek 在宠物养护方面展现了独特的赋能能力，主要具备以下特点。

1. 智能健康监测与管理

DeepSeek 能够接入智能设备（如物联网项圈），实时监测宠物的健康数据并进行处理。这些数据可以帮助宠物主人及时发现健康问题，以制定个性化的健康管理方案。例如，智能猫砂盆可以接入 DeepSeek，实时分析排泄物成分。

2. 临床决策支持

对于兽医，DeepSeek 能够快速扫描全球最新兽医文献，提供基于最新指南的诊疗建议。例如，它可以生成个性化的动物诊疗管理方案，帮助兽医在宠物急诊、内分泌科、肿瘤科等场景中快速做出科学决策。

3. 个性化饮食与营养建议

DeepSeek 可以根据宠物的健康状况和需求，生成个性化的饮食方案。例如，它可以为糖尿病犬生成动态血糖监测的 7 日饮食教育方案。此外，它还能推荐高端功能型食品，如抗过敏配方粮。

4. 行为矫正与训练

DeepSeek 支持宠物行为矫正和训练，例如分离焦虑矫正培训和参赛级训练课程。社交训练系统可以接入 DeepSeek，通过实时监测、矫正、训练，提升宠物的社交适应能力。

5. 智能养宠

DeepSeek 支持智能养宠，例如智能猫砂盆、智能环境调节设备接入 DeepSeek 后，可以通过多模态感知算法和生物识别技术，提升宠物的生活质量和主人的管理效率。

请看下面的实战案例。

◎ 提示词

你最近收养了一只流浪猫，对猫咪的养护知识不太了解。请提供一份详细的宠物养护指南，包括猫咪的日常饮食建议（例如，猫粮品牌推荐、喂食量）、疫苗接种时间表、常见疾病（例如，跳蚤、猫瘟）的预防和处理方法，以及如何训练猫咪使用猫砂盆。同时，提供一些适合猫咪的玩具和用品推荐，帮助你更好地照顾这只小家伙。

◎ DeepSeek 回复

猫咪养护指南

1. 日常饮食建议

- 猫粮品牌推荐：选择高质量的猫粮，如皇家、希尔斯、普瑞纳等品牌，这些猫粮营养均衡，能为猫咪提供丰富的蛋白质。避免选择添加了大量谷物的低质量猫粮。如果猫咪不愿意吃干猫粮，可以适当添加湿粮或鱼肉罐头等湿度较高的食品。
- 喂食量：一般来说，成年猫咪每天的喂食量为体重的 3% ～ 4%。例如，一只 2.5kg 重的猫咪，每天的喂食量为 75 ～ 100g。但具体的喂食量还需根据猫咪的年龄、活动量、身体状况等因素进行适当调整。要避免过度喂食，以免导致猫咪肥胖。
- 饮食禁忌：不要给猫咪喂食巧克力、洋葱、大蒜、咖啡等人类食物，这些食品可能会对猫咪的身体造成不良影响。同时，猫咪不需要额外的牛奶和其他乳制品，因为它们可能会引起猫咪的肠胃不适。

2. 疫苗接种时间表

- 核心疫苗：猫咪出生后 8 ～ 10 周开始接种第一针核心疫苗，包括猫瘟、猫杯状病毒、猫疱疹病毒等疫苗，之后每隔3～4周接种一针，共接种3针。一岁时进行加强免疫，之后每年接种一次。

- 非核心疫苗：根据猫咪的生活环境和风险暴露情况，可选择接种非核心疫苗，如狂犬病疫苗、猫白血病疫苗等。狂犬病疫苗一般在猫咪3个月大时接种，之后每年接种一次。

3. 常见疾病的预防和处理方法

- 跳蚤：定期为猫咪进行体外驱虫，使用驱虫药滴剂或喷剂，按照说明书的要求正确使用。同时，保持猫咪生活环境的清洁，定期清洗猫咪的窝垫和玩具，减少跳蚤滋生的环境。
- 猫瘟：确保猫咪按时接种猫瘟疫苗，提高猫咪的免疫力。避免让猫咪接触患有猫瘟的猫咪。如果猫咪出现呕吐、腹泻、发热等症状，应及时就医。
- 其他常见疾病：定期带猫咪进行体检，及时发现潜在的健康问题。注意观察猫咪的食欲、精神状态、大小便等情况，如出现异常应及时就医。

4. 训练猫咪使用猫砂盆

- 选择合适的猫砂盆：猫砂盆大小要适中，能让猫咪轻松转身，位置要安静、私密且容易到达。
- 放置猫砂：填满猫砂盆，选择猫咪喜欢的猫砂类型。如果不知道，可以购买几种小包装的试试。
- 引导猫咪：当猫咪到家后，第一时间将它带到猫砂盆旁边，让它熟悉位置和气味。留意猫咪想要排泄的迹象，如到处闻、转圈等，及时将它抱到猫砂盆里。
- 耐心示范：可以用手抓着猫咪的爪子在猫砂里滑动几下，让它感受一下。
- 及时清理：每次猫咪排泄后及时清理猫砂盆，保持干净。
- 避免惩罚：如果猫咪在其他地方排泄，不要打骂它，而是应将排泄物清理到猫砂盆里，并把有味道的地方清理干净，同时引导猫咪到猫砂盆。
- 固定位置：不要随意移动猫砂盆的位置，以免猫咪找不到。
- 鼓励表扬：当猫咪正确使用猫砂盆时，给予它适当的奖励和表扬，强化它的行为。

5. 适合猫咪的玩具和用品推荐

- 玩具：羽毛棒、激光笔、猫薄荷球、铃铛球等，这些玩具可以激发猫咪的捕猎本能，让它们在玩耍中消耗精力。

- 用品：舒适的猫窝、猫爬架、猫抓板等。猫窝要选择柔软、温暖的材质，让猫咪有一个舒适的休息地方。猫爬架可以让猫咪攀爬、磨爪，满足它们的天性。猫抓板可以保护家具，让猫咪有一个专门磨爪的地方。

希望这份指南能帮助你更好地照顾你的猫咪，让它健康快乐地成长。

5.13 应急事务处理

DeepSeek 在应急事务处理方面展现了独特的赋能能力，主要具备以下特点。

1. 智能风险监测与预警

DeepSeek 能够通过多模态数据分析，处理结构化数据（如传感器数据、设备状态）和非结构化数据（如监控视频、语音记录），自动识别潜在风险。例如，在工业和园区安全管理中，DeepSeek 可以实时监测设备异常、人员违规操作和环境隐患，提供精准的风险预警。

2. 动态风险建模与决策支持

DeepSeek 基于深度学习能力，能够模拟复杂场景下的风险演化路径，例如化工园区泄漏事故的扩散模型或高层建筑火灾的蔓延趋势。这为应急预案制定提供了科学依据，帮助决策者快速制定应对策略。

3. 智能应急指挥与资源调度

在城市应急指挥中，DeepSeek 可以通过多模态感知和时空推理技术，整合气象、交通、社交媒体等多源数据，构建城市数字孪生体。它能够实时监测突发事件，快速生成应急响应方案，并优化资源调度，提升应急处理效率。

4. 应急演练与培训

DeepSeek 支持模拟真实场景的应急演练，帮助企业和机构提升应急响应能力。通过模拟不同类型的危机事件，DeepSeek 能够提供详细的演练报告和改进建议，提升员工的应急意识和技能水平。

请看下面的实战案例。

◎ 提示词

我最近在户外露营时，突然遇到暴雨天气，帐篷被风吹倒，手机也失去了信号。请提供一些紧急情况下的应对措施，例如：如何搭建临时避难所、如何获取干净的饮用水、如何发出求救信号。同时，提供一些户外生存的小贴士，帮助我在类似情况下保持冷静并安全度过难关。

◎ DeepSeek 回复

户外露营应急事务处理

1. 紧急情况应对措施

（1）搭建临时避难所

- 寻找合适地点：尽量选择地势较高、背风的地方搭建避难所。避免在山谷底部、河流旁边等容易积水的地方搭建。
- 利用自然环境：可以利用大树、岩石等作为避难所的支撑物。例如，将树枝靠在大树上，形成一个斜坡，然后用树叶、杂草等覆盖在树枝上，形成一个简易的遮蔽所。
- 使用随身物品：如果携带了防水布或帐篷内衬，可以将其固定在树枝上，形成一个防雨的屏障。如果没有防水布，可以尝试用塑料袋、雨衣等代替。

（2）获取干净的饮用水

- 收集雨水：在暴雨天气中，雨水是相对干净的水源。可以使用防水布、塑料袋等收集雨水，然后将其过滤后饮用。过滤时可以使用干净的布、纱布或细沙等，将雨水中的杂质过滤掉。
- 寻找自然水源：如果雨水无法满足需求，可以寻找附近的溪流、泉水等自然水源。在取水前，要观察水源周围是否有污染源，如动物尸体、垃圾等。如果有污染源，要尽量远离。
- 净化水源：对于不确定是否干净的水源，可以使用净水药片、过滤器等进行净化。如果没有这些工具，可以将水煮沸至少 10 min，以杀死水中的细菌和病毒。

（3）发出求救信号

- 声音信号：如果听到救援人员的声音，可以大声呼救，或者使用口哨、敲击石头等发出声响，吸引救援人员的注意。

- 光线信号：如果有手电筒、反光镜等，可以使用光线发出求救信号。例如，用手电筒发出“SOS”信号（三次短闪、三次长闪、三次短闪），或者用反光镜反射阳光，向远处发送求救信号。
- 烟雾信号：如果条件允许，可以点燃一些树枝或草，产生浓烟，吸引救援人员的注意。但要注意控制火势，避免引发火灾。

2. 户外生存小贴士

（1）保持冷静

- 深呼吸：遇到紧急情况时，先深呼吸几次，让自己冷静下来。这样可以更好地思考和应对问题。
- 评估形势：冷静下来后，要迅速评估自己的处境，包括周围的环境、自身的状况等。根据评估结果，制订合理的应对计划。

（2）节省体力

- 避免过度活动：在等待救援的过程中，要尽量避免过度活动，以免消耗过多体力。可以适当休息，保持体力。
- 合理分配体力：如果需要进行一些活动，如寻找食物、搭建避难所等，要合理分配体力，避免一次性消耗过多体力。

（3）注意保暖

- 保持干燥：在暴雨天气中，要尽量保持身体干燥。如果衣服湿了，要及时更换或烘干。可以使用防水布、塑料袋等遮盖身体，防止被雨水淋湿。
- 增加保暖措施：如果天气较冷，要注意保暖。可以使用睡袋、毛毯等保暖物品，或者生火取暖。但要注意火源的安全，避免引发火灾。

（4）寻找食物

- 识别可食用植物：在野外，要谨慎寻找可食用的植物。可以参考一些野外生存指南，了解常见的可食用植物和有毒植物的特征。不确定是否可食用的植物，不要轻易尝试。
- 捕捉小动物：如果条件允许，可以尝试捕捉一些小动物，如昆虫、鱼类等。但要注意捕捉方法和烹饪方式，避免食用不洁食物导致疾病。

希望这些应急措施和生存小贴士能帮助你在户外露营遇到紧急情况时保持冷静并安全度过难关。

|第 6 章| CHAPTER

使用 DeepSeek 高效处理政务

6.1 政务工作辅助

DeepSeek 在政务工作辅助方面展现了独特的赋能能力，主要具备以下特点。

1. 提升政务数据处理能力

通过强大的模型能力，DeepSeek 可以帮助政府机构高效挖掘和分析数据，为政策制定提供科学的依据。例如，在公共卫生危机管理或交通流量优化等场景中，DeepSeek 能够快速响应并提供实时决策支持。

2. 优化行政决策过程

DeepSeek 能够通过数据分析和预测功能，帮助行政管理者识别趋势和模式，从而更好地制定政策。例如，在公共健康领域，DeepSeek 可以帮助监测疫情传播趋势并预测潜在风险，提前采取应对措施。

3. 推动智能化政务流程

DeepSeek 的应用可以推动政务流程的智能化升级。例如，通过集成 DeepSeek 技术，政府部门可以开发智能客服系统，自动处理公众咨询和申请，减少人力成本并提高服务效率。此外，DeepSeek 还可以用于优化内部管理流程，如公文处理和资源分配流程，提升整体行政效率。

4. 支持多模态数据处理与分析

DeepSeek 不仅在文本处理方面表现出色，还支持图像、语音等多种类型数据的处理。这一特性使其在行政管理中具有广泛的应用潜力。例如，在交通管理中，DeepSeek 可以通过分析视频监控数据实时识别交通拥堵点，并提出优化方案。

5. 促进跨部门协作与信息共享

DeepSeek 的开放性和灵活性使其能够整合不同部门的数据资源，实现跨部门的信息共享和协同。例如，在疫情防控中，DeepSeek 可以整合来自卫生、公安、交通等多个部门的数据，形成统一的疫情监控平台，提高整体防控效率。

6. 降低行政成本并提高透明度

DeepSeek 的低成本训练和高效性使其成为行政管理中性价比极高的解决方案。例如，使用 DeepSeek 的企业可以节省约 70% 的技术投入。这种成本效益使得更多政府部门能够负担得起先进的 AI 技术，从而推动技术的普及和应用。

7. 政策制定与解读

在政策制定方面，DeepSeek 能够通过智能助手功能，支持政策解读、文件起草和智能校对。例如，深圳市龙岗区通过部署 DeepSeek，实现了公文写作助手、拟办意见自动生成，显著提升了公文处理效率。此外，DeepSeek 还可以通过数据分析为政策制定提供依据，例如在水务管理中预测涝区，为防汛减灾提供支持。

8. 民生服务与诉求处理

DeepSeek 能够分析市民诉求倾向，自动分类并提高诉求处理的精准度。例如，在民意速办方面，DeepSeek 可以通过智能匹配功能，分析市民诉求的情感倾向，自动分类分拨，减少重复工单。

请看下面的实战案例。

◎ 提示词

我是一位资深政策规划师，现需针对 ×× 招商引资制定新政策。请从政策背景、目标、实施步骤、预期影响等方面进行全面规划，给出一份详细且具有前瞻性的政策草案，要求贴合实际、逻辑严谨，能有效解决当下痛点问题。

◎ DeepSeek 回复

以下是一份关于 ×× 招商引资的新政策草案。

1. 政策背景

×× 粤澳深度合作区作为促进澳门经济适度多元发展的重要平台，具有独特的区位优势和政策优势。随着《×× 粤澳深度合作区总体发展规划》等重磅政策的出台，合作区迎来了新的发展机遇，但也面临着一些痛点问题，如市场准入便利度有待提高、产业协同效应不够明显、人才吸引力需进一步增强等。为解决这些问题，进一步吸引优质企业和项目落地，推动合作区高质量发展，制定本招商引资新政策。

2. 政策目标

- 产业规模提升：力争在未来五年内，×× 的“四新”产业规模显著扩大，科技研发和高端制造、中医药等澳门品牌工业、文旅会展商贸、现代金融等产业形成集聚效应，产业链更加完善，产业竞争力大幅提升。
- 企业数量增长：吸引一批具有国际影响力和行业引领性的龙头企业以及高成长性企业入驻，新增企业数量达到一定规模，形成多元化的企业发展格局。
- 人才集聚效应：通过政策引导和环境优化，吸引大量高端人才和专业人才到 ×× 就业创业，打造人才汇聚高地，为产业发展提供强大的智力支持。
- 营商环境优化：构建市场化、法治化、国际化的一流营商环境，使 ×× 成为国内外企业投资兴业的首选地之一，提高企业满意度和获得感。

3. 实施步骤

（1）政策优化与创新

- 市场准入便利化：进一步落实“非禁即入”的市场准入原则，简化审批流程，推行“一照通行”制度，降低企业准入门槛，提高市场准入便利度。
- 税收政策优化：在现有“双 15%”优惠税收政策的基础上，研究制定针对特定产业和企业的税收优惠政策，如对新引进的集成电路、生物医药等战略性新兴产业企业给予一定期限的企业所得税减免或优惠税率，对符合条件的研发费用进行加计扣除等。

- 人才政策升级：出台更具吸引力的人才政策，如提高高端人才和紧缺人才的个税优惠幅度，对符合条件的人才给予住房补贴、子女教育优惠、医疗保障等全方位支持，打造人才友好型环境。

（2）产业扶持与培育

- 设立产业发展专项资金：每年安排一定规模的财政资金，用于支持重点产业项目的引进、建设和运营，对符合条件的企业给予资金扶持、贷款贴息、项目补贴等支持。
- 加强产业载体建设：加快××科学城、××国际科创中心等创新平台载体的建设和升级，为企业提供优质的办公空间、研发设施和生产生活配套服务。
- 推动产业协同发展：加强与澳门的产业协同，构建“澳门平台＋国际资源＋××空间＋成果共享”的产业联动发展新模式，促进澳门经济适度多元发展。同时，加强与珠海及其他地区的产业协同，实现资源共享、优势互补。

（3）招商策略与渠道拓展

- 精准招商：围绕××的“四新”产业，制定详细的招商目录和招商地图，明确重点招商领域和目标企业，开展精准招商活动。针对不同产业和企业类型，制定个性化的招商方案，提高招商成功率。
- 多元招商渠道：除了传统的招商方式外，积极探索多元化的招商渠道。利用互联网平台和大数据技术，开展线上招商活动，提高招商效率和覆盖面。加强与国际知名投资机构、商会、行业协会等的合作，借助其资源和网络，拓展海外招商渠道。
- 以商招商：充分发挥现有企业的资源优势，鼓励企业通过产业链上下游延伸、合作伙伴推荐等方式，引进相关企业和项目，形成产业集聚效应。

（4）服务优化与保障

- 建立一站式服务平台：整合各部门的服务资源，建立××招商引资一站式服务平台，为企业提供政策咨询、项目申报、审批代办、人才招聘等全方位、全过程服务，提高服务效率和质量。

- 加强知识产权保护：完善知识产权保护制度，加强知识产权执法力度，建立知识产权纠纷调解机制，保护企业的创新成果和知识产权，营造良好的创新环境。
- 完善生活配套设施：加快 ×× 的城市建设和生活配套设施完善，提高教育、医疗、文化、商业等公共服务水平，打造宜居宜业的生活环境，为企业发展和人才生活提供便利。

（5）预期影响

- 产业发展：通过政策支持和产业扶持，×× 的“四新”产业将得到快速发展，形成具有国际竞争力的产业集群，推动澳门经济适度多元发展，促进珠江西岸产业升级和经济发展。
- 企业与人才集聚：优化的政策环境和良好的产业生态将吸引大量企业和人才集聚 ××，提高 ×× 的经济活力和创新能力，为合作区的长远发展奠定坚实基础。
- 营商环境改善：一系列服务优化和保障措施的实施，将进一步提升 ×× 的营商环境，增强企业的获得感和满意度，树立 ×× 良好的投资形象，吸引更多企业投资兴业。
- 区域协同发展：加强与澳门及周边地区的产业协同和合作，促进区域间的资源共享、优势互补，推动粤港澳大湾区的协同发展，为大湾区建设国际科技创新中心、打造国际一流湾区和世界级城市群提供有力支撑。

6.2 公共服务优化

DeepSeek 在公共服务优化方面展现了独特的赋能能力，通过智能化技术为多个公共服务领域提供了高效、精准的解决方案，主要具备以下特点。

1. 优化民生服务响应

DeepSeek 在民生服务领域的应用实现了服务响应效率与精准度的双重跃升。例如，德生科技通过接入 DeepSeek，能够精准解析每一项服务诉求，实现从政务“导办”到“经办”的高效衔接。此外，DeepSeek 还通过智能匹配功能分析市民诉求倾向，自动分类并提高诉求处理的精准度。

2. 助力城市治理智能化

DeepSeek 在城市治理领域的应用显著提升了城市管理的智能化水平。例如，无锡市通过部署 DeepSeek-R1 模型，上线了多项原生政务 AI 应用，涵盖政务办公、政务服务和城市治理等核心领域。此外，数字政通接入 DeepSeek 后，在民生诉求业务场景中实现了风险事件识别、工单小结和标签提取，提升了城市治理的效率。

3. 推动公共服务普惠化

DeepSeek 通过开源模型和本地化部署，降低了公共服务的技术门槛和成本，推动了普惠 AI 的实现。例如，德生科技通过接入 DeepSeek，实现了就业、就医、政务等民生场景的智能化升级。此外，DeepSeek 还通过轻量化开源模型，适配无联网条件的传统设备，推动了老旧社区的智能化改造。

4. 提升公共服务的温度和效率

DeepSeek 不仅提升了公共服务的效率，还通过智能化手段增强了服务的温度。例如，某市 12345 热线接入 DeepSeek 后，实现了智能意图理解、智能填单和智能标签推荐，提升了市民的满意度。此外，DeepSeek 还通过智能风险监测与预警、动态风险建模和智能应急指挥等功能，提升了公共服务的应急响应能力。

请看下面的实战案例。

◎ 提示词

在公共服务领域，如何利用 AI 技术实现服务流程优化？请详细阐述技术应用环节、预期效果、可能面临的挑战和应对策略，以助力政务服务智能化升级，提升民众满意度。

◎ DeepSeek 回复

在公共服务领域，利用 AI 技术实现服务流程优化是一个系统工程，需要从多个方面入手，以下是具体的阐述。

1. 技术应用环节

- 数据采集与分析：通过各种渠道收集公共服务相关的数据，如民众需求、服务使用情况、反馈信息等。利用AI技术对这些数据进行深度分析，挖掘其中的规律和趋势，为服务流程优化提供依据。例如，通过对交通流量、天气情况等数据的分析，预测交通拥堵情况，从而提前调整信号灯或引导车辆选择最佳路线。

- 智能客服与咨询：应用自然语言处理和语音识别技术，开发智能客服系统，提供24小时不间断的咨询服务。民众可以通过语音或文字与智能客服进行交流，获取相关政策信息、办事流程等。例如，在税务、社保、医保等领域，智能客服机器人可以快速解答民众的疑问，减轻人工客服的压力。
- 智能审批与自动化流程：利用AI技术对政务服务中的审批流程进行自动化处理。通过机器学习算法，对申报资料进行自动审核和评估，判断其是否符合审批标准，并给出审批建议。例如，在企业注册、许可证申请等业务中，智能审批系统可以大大提高审批效率，缩短办理时间。
- 资源调配与优化：利用AI的大数据分析和预测能力，对公共服务资源进行智能调配。例如，在医疗领域，通过分析医院床位、医疗设备使用情况及疫情动态，合理调配医疗资源，确保在高峰期能够满足民众的医疗需求。

2. 预期效果

- 提高服务效率：AI技术的应用可以大大缩短服务响应时间和办理时间，提高服务效率。例如，智能审批系统可以实现秒级审批，无需民众长时间等待。
- 提升服务质量：通过智能客服、个性化推荐等技术，提供更加精准、贴心的服务，满足民众的个性化需求，提升服务质量。
- 增强决策科学性：AI技术可以对大量数据进行分析和挖掘，为政府决策提供科学依据，提高决策的准确性和有效性。
- 优化资源分配：通过AI技术对资源使用情况的实时监控和分析，可以实现资源的合理分配和高效利用，避免资源浪费。

3. 可能面临的挑战和应对策略

- 数据安全与隐私保护：AI技术的应用需要大量的数据支持，但数据的安全和隐私保护是一个重要问题。应对策略包括加强数据安全管理，采用加密技术保护数据传输和存储安全，制定严格的数据使用规范，确保数据的合法合规使用。

- 技术复杂性与成本：AI技术的应用需要一定的技术基础和投入成本，包括硬件设备、软件开发、人员培训等。应对策略是加强技术研发和创新，降低技术应用的门槛和成本，同时政府可以加大对AI技术应用的支持力度，提供相应的资金和政策支持。
- 人员培训与适应：AI技术的应用需要相关人员具备一定的技术知识和操作能力，但目前部分公共服务人员对AI技术的了解和应用能力不足。应对策略是加强人员培训，提高公共服务人员的AI技术应用水平，同时逐步推进AI技术的应用，让公共服务人员有足够的时间适应和掌握新技术。
- 法律法规与伦理问题：AI技术的应用可能涉及一些法律法规和伦理问题，如算法歧视、责任界定等。应对策略是加强法律法规的制定和完善，明确AI技术应用的法律边界和伦理准则，同时加强对AI技术应用的监管和评估，确保其符合法律法规和伦理要求。

通过以上技术应用环节、预期效果、可能面临的挑战和应对策略的分析，可以看出AI技术在公共服务领域具有广阔的应用前景和巨大的潜力。在推进AI技术应用的过程中，政府、企业和社会各方需要共同努力，加强合作与交流，不断探索和创新，以实现公共服务的智能化升级，提升民众的满意度。

6.3 城市规划

DeepSeek在城市规划方面展现了独特的赋能能力，主要具备以下特点。

1. 数据分析与决策支持

DeepSeek能够处理海量城市数据，包括人口分布、交通流量、环境监测数据等，为城市规划提供科学依据。通过深度学习和智能算法，DeepSeek可以快速提炼关键信息，帮助城市规划者做出更精准的决策。

2. 智能交通优化

DeepSeek可以实时分析交通流量数据，优化交通信号控制，减少拥堵。它还能用于交通事故的快速监测和处理，提高道路通行效率。

3. 环境监测与生态保护支持

DeepSeek 能够监测环境数据，提供环保建议，帮助城市规划者更好地制定生态治理方案。例如，通过分析土壤和气候数据，DeepSeek 可以为城市绿化提供养护建议。

4. 城市治理与公共服务支持

通过接入 DeepSeek，可以实现智能化的政务服务和城市治理，提升城市治理效率。此外，DeepSeek 还提供“民意速办”功能，通过智能匹配和情感分析，快速响应市民诉求。

5. 城市规划可视化与模拟支持

DeepSeek 可以生成未来城市的视觉化蓝图，为城市规划提供直观的参考。通过分析海量数据，DeepSeek 能够模拟城市发展场景，帮助规划者提前预见潜在问题。

请看下面的实战案例。

◎ 提示词

以海口未来五年发展为背景，运用 AI 数据分析能力，综合考量人口增长、经济发展、环境保护等多方面因素，制定一份科学合理的城市规划方案。内容涵盖城市空间布局、基础设施建设、产业规划等关键板块，为城市可持续发展提供精准指引。

◎ DeepSeek 回复

以下是一份基于海口未来五年发展背景，运用 AI 数据分析能力制定的城市规划方案。

1. 城市空间布局

- 构建“一核两翼、三区协同”空间格局：以海口市中心城区为核心，依托海澄文定综合经济圈，联动澄迈、文昌、定安等周边地区，形成东部临海产业翼和西部生态产业翼。东部临海产业翼重点发展海洋经济、旅游休闲、总部经济等；西部生态产业翼着重发展生态农业、生态旅游、节能环保等产业。

- 优化城市功能分区：运用 AI 对人口密度、经济活动、环境承载力等数据进行分析，合理划分居住、商业、工业、公共服务等功能区。例如，根据人口增长趋势和就业需求，优化居住区与产业园区的布局，缩短通勤距离，提高城市运行效率。
- 加强区域协同发展：利用 AI 技术对区域间的交通流量、经济联系等进行动态监测和分析，加强海口与周边城市如三亚的联动发展，实现资源共享、优势互补，共同打造海南自由贸易港的核心城市群。

2. 基础设施建设

- 构建综合交通体系：通过 AI 对交通流量、出行需求等数据的分析，优化城市道路网络布局，加强快速路、主次干道和支路的衔接。同时，推进轨道交通建设，提高公共交通的覆盖率和服务水平，如规划新的地铁线路或轻轨线路，缓解城市交通拥堵。
- 智慧交通管理：运用 AI 技术实现交通信号的智能控制、交通流量的实时监测和预测，提高交通管理的效率和精准度。例如，通过智能交通系统对重点路段和时段的交通流量进行实时调控，减少交通事故和拥堵的发生。
- 能源设施：基于 AI 对能源需求和供应的预测，合理规划能源设施布局。加快建设智能电网，提高电网的供电可靠性和运行效率。同时，积极推进清洁能源的应用，如太阳能、风能等，建设分布式能源系统，减少对传统能源的依赖。
- 市政设施：利用 AI 技术对城市供水、排水、燃气等市政设施的运行数据进行监测和分析，实现设施的智能化管理和维护。例如，通过智能水务系统对城市供水管网进行实时监测，及时发现和处理漏水等问题，提高水资源的利用效率。

3. 产业规划

- 构建现代产业体系：运用 AI 技术对海口的产业发展现状和趋势进行分析，明确重点发展的产业领域。例如，依托江东新区等重点园区，大力发展总部经济、现代金融、数字经济等现代服务业；同时，发挥海口的海洋资源优势，培育壮大海洋生物医药、海洋新能源等海洋新兴产业。
- 推动产业升级和创新：通过 AI 技术为传统产业提供智能化改造方案，

提高产业的生产效率和竞争力。例如，利用人工智能和大数据技术对制造业进行智能化升级，实现生产过程的自动化、智能化和绿色化。同时，加强与高校、科研机构的合作，建立产学研合作平台，推动科技创新和成果转化。

- 优化产业空间布局：运用 AI 对产业用地的需求和分布进行分析，合理规划产业园区和产业聚集区的布局。例如，根据产业发展需求和土地资源状况，优化海口高新区、综保区等园区的产业布局，提高园区的产业集聚度和土地资源利用效率。

4. 环境保护

- 生态环境保护与修复：利用 AI 技术对海口的生态环境数据进行监测和分析，如空气质量、水质、土壤质量等，及时发现和预警环境问题。同时，通过 AI 技术为生态环境保护和修复提供科学决策支持，如制定精准的污染治理方案、制订生态修复计划等。
- 绿色低碳发展：运用 AI 技术推动城市绿色低碳发展，如通过智能能源管理系统实现能源的高效利用，减少碳排放。同时，鼓励企业和居民采用绿色出行方式，如公共交通、自行车等，减少机动车尾气排放。
- 环境管理与执法：利用 AI 技术提高环境管理的效率和精准度，如通过智能监控系统对企业和项目的环境违法行为进行实时监测和预警，加强环境执法力度。

通过以上城市规划方案的实施，海口在未来五年将实现城市空间布局的优化、基础设施的完善、产业的升级和环境的保护，为城市的可持续发展提供有力支撑。

6.4 应急响应

DeepSeek 在应急响应方面展现了独特的赋能能力，通过智能化技术为政府应急管理体系提供了全面支持，主要具备以下特点。

1. 智能风险预警与管控

DeepSeek 能够通过实时数据分析，精准识别潜在风险并提前预警。例如，在危化品安全管理中，DeepSeek 可以实时分析设备运行数据，预测泄漏风险并自动触发应急响应，帮助企业从“事后处置”向“事前预防”转变。

2. 动态化应急指挥

DeepSeek 支持动态化应急指挥，能够实时推演灾害场景并优化救援方案。例如，在智慧消防领域，DeepSeek 可以通过建筑模型和流体动力学模拟，预测火势扩散路径，动态规划最优救援路线，并结合实时交通数据智能调度资源，响应时间缩短 40%。

3. 多部门协同与指令自动化

DeepSeek 能够结合自然语言处理（NLP）技术自动生成标准化指令，提升跨部门协同效率。例如，在火灾救援中，救灾系统可以自动生成“封闭 ×× 路段，疏导救护车通道”等指令，确保各部门协同作战。

4. 应急预案智能响应

DeepSeek 能够根据灾害类型和场景，快速生成应急预案和执行方案。例如，辰安科技接入 DeepSeek 后，可以融合大量预案数据，为各类突发事故提供快速、精准的预案支持。

5. 城市级安全运营与监测支持

DeepSeek 支持城市级安全运营，能够实时监测城市运营数据，精准识别潜在风险，如交通拥堵、火灾隐患和公共安全事件等。例如，长沙上线的 CS-DeepSeek 应用能够实现“即时发现、快速处置”的目标，提升城市本质安全能力。

6. 降低误报率与提升决策科学性

DeepSeek 通过智能算法和数据分析，能够有效降低误报率，提升决策的科学性和及时性。例如，在城市安全运营中，DeepSeek 可以结合时序大模型，对报警事件进行分析，降低误报和错报率，同时提供专业的设备运维建议。

7. 公众参与与社区安全支持

DeepSeek 支持公众参与的安全治理模式，例如通过社区风险众包地图，居民可以上报消防隐患，DeepSeek 可以整合数据生成热力图，推动物业和社区进行针对性整改。

请看下面的实战案例。

◎ 提示词

假设“地区名称”突发“灾害类型”灾害，立即启动应急预案制定程序，请迅速收集灾害信息，分析受灾范围和程度，调配救援资源，规划救援路线，生成一份实时更新的应急响应指挥方案，确保救援行动高效、有序开展。

◎ DeepSeek 回复

以下是一份虚构城市地震灾害应急响应指挥方案示例，实际情况可能会因城市的基础设施、人口分布、救援力量等多种因素不同而有所不同。

[虚构城市名称]地震灾害应急响应指挥方案

1. 灾情信息收集与分析

（1）信息收集渠道

- 地震监测部门提供地震发生的时间、地点、震级、震源深度等基本信息，并持续监测余震情况。
- 各区县、街道（乡镇）应急管理人员迅速上报本区域内的初步受灾情况，包括建筑物倒塌数量、人员伤亡估计、道路桥梁损毁状况等。
- 消防、公安等救援力量在赶赴现场途中及救援过程中，实时反馈所见灾情信息。
- 利用无人机对受灾区域进行低空遥感探测，获取高分辨率影像资料，辅助评估受灾范围和程度。
- 通过社交媒体平台、市民热线等渠道收集群众自发上报的受灾信息，筛选其中有价值的内容进行核实。

（2）数据分析与评估

- 组建由地震专家、建筑结构工程师、地理信息系统（GIS）技术人员等组成的灾情分析小组，对收集到的各类信息进行综合分析。
- 运用 GIS 技术将受灾区域进行数字化建模，标注出建筑物倒塌分布、道路中断节点、人员密集受灾点等关键信息，生成受灾范围和程度的可视化地图。
- 根据建筑物结构类型、年代、用途等因素，评估建筑物的安全性，确定可安全进入救援的区域和需谨慎处理的危险区域。

- 分析救援资源需求，包括救援队伍数量、救援设备（如挖掘机、破拆工具、生命探测仪等）种类和数量、医疗物资储备量、应急食品和饮用水供给量等。

2. 救援资源调配

（1）救援队伍调度

- 本地消防救援队伍作为第一响应力量，按照受灾区域的紧急程度和救援难度，分成若干小组，优先奔赴人员被困数量多、建筑物坍塌严重的区域开展救援。
- 协调周边城市的消防、武警、解放军等专业救援队伍，向受灾区域集结，根据其专业特长和装备优势，分配相应的救援任务，如重型机械破拆、山地搜救、水上救援等。
- 组织本地志愿者救援队伍，经过简要的专业培训后，协助专业救援队伍进行轻型救援任务，如疏散群众、搬运物资、安抚受灾群众情绪等。

（2）救援设备调配

- 从本地建筑施工企业、市政工程部门等单位紧急征调挖掘机、起重机、推土机等大型机械设备，用于清理道路障碍、破拆坍塌建筑物等救援作业。
- 调集生命探测仪、破拆工具组、液压顶撑等专业救援设备，确保救援队伍在进入建筑物废墟内部搜救被困人员时具备充足的技术装备支持。
- 安排专人负责救援设备的维护和保养，确保设备在救援过程中能够正常运行，如遇设备故障，及时联系维修人员进行抢修或更换备用设备。

（3）物资供应保障

- 启动应急物资储备库，向受灾区域紧急调配帐篷、棉被、睡袋等生活物资，保障受灾群众的基本生活需求；同时，调运充足的食品、饮用水、应急照明设备等物资，确保救援人员和受灾群众在救援期间的饮食和照明供应。
- 协调本地医疗机构和药品供应商，紧急采购和调配急救药品、医疗器械、消毒用品等医疗物资，为受伤人员提供及时、有效的医疗救治。
- 与周边城市建立物资互助机制，当本地物资储备不足时，及时请求周边城市支援，确保救援物资的持续供应。

3. 救援路线规划

（1）交通状况评估

- 交通管理部门利用智能交通监控系统，实时监测城市道路的通行状况，包括道路损毁情况、交通拥堵点、桥梁坍塌位置等信息。
- 对受灾区域周边的道路进行实地勘查，确定可通行的道路路线和桥梁，标注出道路中断点和危险路段，为救援路线规划提供准确依据。

（2）救援路线制定

- 根据受灾区域的分布、救援资源的调配情况以及交通状况，运用 GIS 和交通仿真技术，制定多条救援路线方案。
- 优先选择距离近、路况好、交通流量小的路线作为主要救援路线，同时规划备用路线，以应对可能出现的道路拥堵、桥梁坍塌等突发情况。
- 在救援路线规划中，充分考虑救援队伍和物资的运输效率，合理安排救援车辆的行驶顺序和停靠点，确保救援资源能够快速、准确地送达受灾区域。

（3）交通管制与疏导

- 交通管理部门在救援路线的关键节点设置交通管制点，对社会车辆进行管制，优先保障救援车辆和物资运输车辆的通行权。
- 利用交通广播、电子显示屏等媒介，及时向公众发布交通管制信息和绕行路线建议，引导社会车辆避开救援路线，减少交通拥堵。
- 安排交警在救援路线沿线进行交通疏导，确保救援车辆能够顺畅通行，如遇交通事故或道路突发状况，及时进行处置和恢复交通。

4. 应急响应指挥体系

（1）指挥中心设立

- 在城市应急指挥中心设立地震灾害应急响应总指挥部，由市长担任总指挥，分管应急、消防、公安、医疗等工作的副市长担任副总指挥，成员包括各相关部门负责人和专家顾问。
- 总指挥部负责统筹协调全市的地震灾害应急救援工作，制定总体应急响应策略，下达各项应急救援指令，协调各部门之间的行动，向上级政府报告灾情和应急救援进展情况。

（2）现场指挥协调

- 在受灾严重的区域设立现场指挥部，由消防救援队伍负责人担任现场指挥长，公安、医疗、民政等部门负责人和当地街道（乡镇）领导担任副指挥长，负责现场救援工作的具体组织实施和协调指挥。

- 现场指挥部根据总指挥部下达的应急救援指令，结合现场实际情况，制订详细的救援行动计划，合理分配救援资源，协调各救援队伍之间的行动，确保救援工作高效、有序开展。
- 建立现场指挥部与总指挥部之间的实时通信联络机制，通过卫星通信、无线对讲机、有线电话等多种通信手段，确保信息传递的及时、准确和畅通，以便总指挥部能够及时掌握现场救援进展情况，根据需要调整应急救援策略。

（3）**部门职责分工**

- 消防救援部门：负责组织消防救援队伍开展火灾扑救、建筑物坍塌救援、危险化学品泄漏处置等救援工作；协调各消防救援力量的行动；提供救援现场的火情侦察、破拆、排烟、供水等技术支持。
- 公安部门：负责维护灾区社会治安秩序，打击各类违法犯罪活动；实施交通管制和疏导，保障救援路线畅通；协助消防救援队伍进行人员疏散和搜救工作；提供现场安全警戒和技术侦查支持。
- 医疗部门：负责组织医疗救援队伍对受伤人员进行现场急救、转运和治疗；协调各级医疗机构的医疗资源，确保受伤人员得到及时、有效的医疗救治；开展灾区卫生防疫工作，预防和控制传染病的暴发流行；提供医疗物资保障和技术支持。
- 民政部门：负责受灾群众的安置工作，设立临时安置点，调配生活物资，保障受灾群众的基本生活；组织社会力量参与救援工作，接受和管理社会各界捐赠的物资和资金；开展遇难人员善后处理工作，提供心理抚慰和技术支持。
- 住建部门：负责组织建筑结构安全评估专家对受灾建筑物进行安全性评估，确定可安全进入救援的区域和需拆除的危险建筑物；协调建筑施工企业参与救援工作，提供大型机械设备和技术支持；指导灾区房屋建筑的修复和重建工作。
- 交通部门：负责组织抢修受损的公路、桥梁、隧道等交通基础设施，保障救援运输通道的畅通；协调交通运输企业运输车辆，运送救援人员、物资和受灾群众；组织交通设施抢修和提供技术支持。

- 通信部门：负责组织抢修受损的通信基础设施，保障灾区通信畅通；提供应急通信保障服务，确保救援现场与指挥中心之间的通信联络畅通；协调各通信运营商为救援工作提供通信技术支持和优惠服务。
- 供电部门：负责组织抢修受损的电力设施，尽快恢复灾区供电；为救援现场提供应急照明和电力保障服务；协调电力企业调配电力设备和技术人员，确保救援工作的顺利进行。
- 供水部门：负责组织抢修受损的供水管道和设施，保障灾区供水安全；为救援现场提供应急供水服务；协调供水企业供水设备和技术人员，确保救援工作的正常用水需求。

5. 应急响应实施步骤

（1）紧急救援阶段（地震发生后 0 ～ 24h）

- 救援队伍按照预定的救援路线迅速赶赴受灾区域，在确保自身安全的前提下，立即展开人员搜救工作，优先营救被困在建筑物废墟下的幸存者。
- 医疗救援队伍在受灾区域设立临时医疗救治点，对受伤人员进行现场急救和分类救治，重伤员及时转运至附近医院进行进一步治疗。
- 交通管理部门实施全面的交通管制，确保救援车辆和物资运输车辆能够快速、顺畅地通行，同时引导社会车辆避开救援路线，减少交通拥堵。
- 各部门按照职责分工，全力开展应急救援工作，确保救援行动高效、有序进行。救援过程中，及时收集和上报救援进展情况，根据现场实际情况调整救援策略和行动方案。

（2）过渡安置阶段（地震发生后 24h ～ 1 周）

- 对受灾群众进行全面的登记和统计，根据受灾程度和群众需求，合理安置受灾群众，包括集中安置在临时安置点、投亲靠友分散安置等。
- 加强临时安置点的建设和管理，提供充足的生活物资保障，包括食品、饮用水、帐篷、棉被、睡袋等，确保受灾群众的基本生活需求得到满足。
- 组织开展灾区卫生防疫工作，对受灾区域进行全面的消毒杀菌，加强传染病监测和预警，预防和控制传染病的暴发流行。
- 逐步恢复灾区的基础设施和公共服务，包括供水、供电、通信、交通等，保障救援工作的顺利进行和受灾群众的正常生活秩序。

（3）恢复重建阶段（地震发生后1周～3个月）

- 组织专家对受灾区域的建筑物、基础设施等进行详细的安全评估和损失鉴定，制定科学合理的恢复重建规划和方案。
- 按照恢复重建规划，有序开展建筑物的修复和重建工作，优先恢复学校、医院、居民住房等民生工程，确保受灾群众尽快恢复正常生活和生产秩序。
- 加强对恢复重建工作的资金管理、质量监督和技术指导，确保恢复重建工程的质量和安全，防止次生灾害的发生。
- 总结地震灾害应急救援工作经验教训，对应急救援指挥体系、应急预案、救援队伍建设等方面进行评估和完善，提高城市应对地震灾害的能力和水平。

6. 应急响应结束与评估

（1）应急响应结束条件

- 经过专业救援队伍的全面搜救，确认受灾区域内已无被困人员或被困人员已全部救出。
- 受灾群众已得到妥善安置，基本生活需求得到保障，社会秩序恢复正常。
- 灾区的基础设施和公共服务基本恢复，救援工作取得显著成效，地震灾害对城市的影响已得到有效控制。

（2）应急响应结束程序

- 由地震灾害应急响应总指挥部根据应急响应结束条件，组织专家进行评估和论证，确认具备应急响应结束条件后，下达应急响应结束指令。
- 现场指挥部接到应急响应结束指令后，组织救援队伍有序撤离受灾区域，同时做好救援设备的清理和物资的回收工作。
- 各部门按照职责分工，对应急救援工作进行全面总结和评估，形成书面报告上报总指挥部。总指挥部对应急救援工作进行全面总结和表彰，对在应急救援工作中表现突出的单位和个人进行奖励，对存在的问题和不足提出改进措施和建议。

（3）应急响应评估内容

- 对地震灾害应急救援工作的全过程进行评估，包括灾情信息收集与分析、救援资源调配、救援路线规划、应急响应指挥体系运行、各部门职责履行情况、救援行动效率和效果等方面。

- 分析应急救援工作中存在的问题和不足，如应急预案的科学性和可操作性、救援队伍的协同作战能力、救援设备和技术的先进性、物资供应保障的及时性和充足性、通信联络的畅通性等。
- 总结应急救援工作经验教训，提出改进措施和建议，为今后应对类似地震灾害提供参考和借鉴，不断提高城市地震灾害应急救援能力和水平。

希望这份应急响应指挥方案对你有所帮助。如果你还有其他问题或需要进一步修改完善，请随时告诉我。

6.5 市场监管

DeepSeek在市场监管方面展现了独特的赋能能力，通过智能化技术为市场监管提供了高效、精准的解决方案，主要具备以下特点。

1. 法律法规咨询与解读支持

DeepSeek能够为执法人员提供快速、准确的法律法规解读。执法人员在日常工作中遇到复杂的法律问题时，只需输入相关问题，即可快速获得DeepSeek提供的详细的法律依据。

2. 类案分析支持

在处理案件时，DeepSeek能够迅速分析比对海量案件数据，并精准推送相似案例，帮助执法人员结合以往经验做出更合理的判断。

3. 文书纠偏与规范支持

DeepSeek的智能算法可以对执法文书进行细致检查，及时发现语法错误、逻辑漏洞和格式不规范等问题，并给出修改建议，确保文书的准确性和规范性。

4. 公平竞争审查

DeepSeek能够对各类市场行为进行深入分析，识别可能存在的垄断、不正当竞争等行为，为市场监管提供科学的数据支持。

5. 取证指导

DeepSeek整合了丰富的取证知识和案例，为执法人员提供全方位的取证指导，助力高效、合法地完成取证工作。

6. 加强监管

DeepSeek 能够处理海量数据，快速精准识别风险点，提高监管的及时性与准确性。例如，结合自然语言处理技术，DeepSeek 可以解析年报语义特征，精准捕捉管理层“乐观倾向”与真实业绩的背离，从而识别财务舞弊行为。

7. 交易行为监测

DeepSeek 利用神经网络构建投资者行为特征模型，能够快速识别异常交易行为，如对敲交易等，显著增强了对市场操纵行为的监测与打击能力。

8. 政策制定与市场模拟支持

DeepSeek 能够通过蒙特卡洛模拟预测政策冲击，帮助监管部门制定更科学、合理的监管政策。例如，在注册制全面推行时，DeepSeek 可以模拟不同上市标准对存量公司估值的影响，避免政策实施后引发市场波动。

9. 实时监控与预警

DeepSeek 能够实时监控市场动态，设置股价异动预警阈值，自动推送可能诱因，如行业政策变动或竞争对手动作。这有助于监管部门及时发现并处理潜在风险。

10. 舆情监测与危机应对

在舆情负面事件爆发时，DeepSeek 可以快速生成回应预案，模拟不同回应策略的市场反应，帮助相关部门及时应对危机。

请看下面的实战案例。

◎ 提示词

针对当前电子烟市场乱象，发挥 AI 大数据分析优势，深入挖掘违规行为特征、规律及潜在风险点。构建精准的市场监管模型，提出创新性监管措施，助力监管部门强化执法力度，规范市场秩序，保障公平竞争。

◎ DeepSeek 回复

以下是针对当前电子烟市场乱象，利用 AI 大数据分析优势进行监管的方案。

1. 深入挖掘违规行为特征、规律及潜在风险点

（1）违规行为特征与规律

- 线上违规销售：通过网络平台销售电子烟产品，包括在电商平台、社交媒体、短视频平台等渠道进行隐蔽销售，使用暗语、伪装产品描述等方式逃避监管。例如，将电子烟产品伪装成“雾化器”“烟弹”等其他商品进行售卖。
- 线下无证经营：一些实体店在未取得相关许可证的情况下，非法销售电子烟产品，尤其在学校、青少年活动场所周边等敏感区域。
- 产品质量参差不齐：部分电子烟产品存在质量问题，如尼古丁含量超标、电池爆炸隐患、添加有害物质等，严重威胁消费者健康。
- 虚假宣传与诱导消费：商家通过夸大电子烟的戒烟效果、健康无害等虚假宣传手段，诱导消费者购买，尤其是针对青少年群体进行营销。

（2）潜在风险点

- 市场秩序混乱：违规销售和不正当竞争行为扰乱了电子烟市场的正常秩序，影响了合法企业的正常经营，导致市场环境不公平。
- 消费者健康风险：低质量的电子烟产品和虚假宣传可能对消费者的身体健康造成损害，尤其是对青少年的健康成长产生负面影响。
- 监管难度加大：电子烟市场的快速发展和销售渠道的多样化，使得监管部门面临较大的监管压力，容易出现监管漏洞和盲区。

2. 构建精准的市场监管模型

（1）数据采集与整合

- 多渠道数据收集：整合线上线下的销售数据、消费者投诉举报数据、产品质量检测数据、社交媒体数据等，形成全面的电子烟市场监管数据库。
- 数据清洗与预处理：对收集到的数据进行清洗和预处理，去除重复、错误和无效数据，确保数据的准确性和完整性。

（2）特征提取与分析

- 违规行为特征提取：利用 AI 大数据分析技术，提取电子烟违规行为的关键特征，如销售时间、地点、销售渠道、产品描述、价格等。
- 行为模式识别：通过机器学习算法，对电子烟销售行为进行模式识别，发现违规行为的规律和趋势，如某些时间段或地区的违规销售高发情况。

（3）风险评估与预警

- 风险评估模型构建：基于历史数据和实时监测数据，构建电子烟市场风险评估模型，对市场主体进行风险分级分类，确定高风险企业和产品。
- 预警机制建立：设置风险预警阈值，当监测数据达到或超过预警阈值时，及时发出预警信号，提醒监管部门采取相应措施。

3. 创新性监管措施建议

（1）强化线上监管

- 平台责任落实：要求网络平台加强对电子烟销售的管理，严格审核入驻商家资质，对违规销售商家及时处理，并向监管部门报告。
- 关键词过滤与监测：利用AI技术对网络平台上的电子烟相关关键词进行实时过滤和监测，及时发现并处理违规信息。
- 大数据监测与分析：建立互联网涉烟信息监测平台，提升数据抓取和分析水平，对线上电子烟销售行为进行全面监测和分析。

（2）加强线下监管

- 联合执法行动：组织多部门联合执法行动，对电子烟生产、销售企业进行定期检查和不定期抽查，严厉打击无证经营、销售假冒伪劣产品等违法行为。
- 零售点合理布局规划：制定电子烟零售点合理布局规划，限制在学校、青少年活动场所周边等敏感区域设置零售点，保护未成年人免受电子烟侵害。
- 市场巡查与监管：加强对电子烟市场的日常巡查和监管，及时发现并处理违规销售行为，维护市场秩序。

（3）加强消费者教育

- 宣传教育活动：通过举办讲座、发放宣传资料等方式，向公众普及电子烟的相关知识及潜在危害，加强公众对电子烟危害的认识和风险防范意识。
- 举报奖励机制：建立举报奖励机制，鼓励消费者积极举报电子烟违规销售行为，形成全社会共同参与监管的良好氛围。

（4）完善法律法规与政策支持

- 法律法规细化：进一步细化和完善电子烟相关法律法规，明确电子烟的定义、监管范围、处罚标准等，为监管部门提供有力的法律依据。

- 政策扶持与引导：出台相关政策，扶持合法电子烟企业发展，引导市场规范经营，促进电子烟行业健康发展。

通过以上措施，可以充分发挥AI大数据分析的优势，深入挖掘电子烟市场违规行为特征、规律及潜在风险点，构建精准的市场监管模型，提出创新性监管措施建议，助力监管部门强化执法力度，规范市场秩序，保障公平竞争。

|第 7 章| C H A P T E R

使用 DeepSeek 高效处理金融业务

7.1 投资辅助

DeepSeek 在投资辅助方面展现了独特的赋能能力，主要具备以下特点。

1. 高效处理海量数据

DeepSeek 能够快速处理海量的结构化和非结构化数据，包括财报、市场新闻、社交媒体情绪等，帮助投资机构实时分析市场动态，识别趋势和风险信号。这种能力显著提升了投资决策的科学性和及时性。

2. 智能投研与分析

DeepSeek 通过深度学习和机器学习技术，能够快速生成行业研究报告，提取关键数据并生成摘要，大大减少了分析师的工作量。例如，国金证券利用 DeepSeek-R1 进行信息检索和文档解析，处理效率提高了约 40%。

3. 个性化投资建议

DeepSeek 可以根据投资者的风险偏好和财务状况，生成个性化的投资组合，并动态调整策略。例如，普通投资者可以通过 DeepSeek 获得专业建议，实现资产的保值增值。

4. 智能投顾与客户体验提升

在智能投顾领域，DeepSeek 能够基于客户画像和市场数据，提供精准的投资建议，改善客户体验。这不仅提升了服务效率，还降低了人力成本。

5. 风险评估与欺诈检测

DeepSeek 能够评估客户信用风险，提供贷款建议，并检测交易中的欺诈行为。这种能力可帮助金融机构更好地管理风险，保护投资者利益。

6. 策略回测与实时监控

DeepSeek 支持低成本的策略回测和实时监控，投资者可以通过简单的指令完成复杂的策略测试和市场监控。例如，投资者可以要求 DeepSeek 生成“年化 10% 回报的 20 年定投计划”，并获得详细的复利计算和分散标的建议。

请看下面的实战案例。

◎ 提示词

列出全球前 10 大芯片制造商的市场份额占比，以及它们在不同芯片类型（如 CPU、GPU、FPGA 等）的市场地位。

◎ DeepSeek 回复

以下是全球前 10 大芯片制造商的市场份额占比以及它们在不同芯片类型的市场地位。

1. 全球前 10 大芯片制造商市场份额占比

根据 2024 年的数据，全球前 10 大芯片制造商及其市场份额占比大致如下（数据来源不同，略有差异，仅供参考）。

- ❑ 三星电子：市场份额占比约 10.6%，以 665.24 亿美元的收入重新夺回全球第一的位置。
- ❑ 英特尔：市场份额占比约 9.7%，收入为 583.73 亿美元。
- ❑ 台积电：市场份额占比约 7.5%，作为全球最大的半导体代工厂，主导高端制程技术。
- ❑ SK 海力士：市场份额占比约 6.8%，在存储芯片市场具有重要地位。
- ❑ 美光科技：市场份额占比约 5.9%，在存储芯片市场表现强劲。

- 高通：市场份额占比约5.5%，在移动通信芯片、5G领域占据领先地位。
- 博通：市场份额占比约4.8%，在通信芯片和存储控制器等领域具有优势。
- 英伟达：市场份额占比约4.5%，在GPU市场占据主导地位，并推动AI芯片发展。
- 德州仪器：市场份额占比约4.2%，在模拟芯片和功率器件市场表现突出。
- 恩智浦：市场份额占比约3.1%，在汽车电子和物联网芯片领域具有较强竞争力。

2. 不同芯片类型的市场地位

（1）CPU（中央处理器）

- 英特尔：在个人计算机和数据中心领域的CPU市场占据主导地位，市占率高达78%。
- AMD：紧随英特尔之后，市占率为13%。

（2）GPU（图形处理器）

- 英伟达：以88%的市场份额占据GPU市场的主导地位。
- AMD：市占率为12%。

（3）FPGA（现场可编程门阵列）

- 赛灵思（Xilinx）：被AMD收购后，继续在FPGA市场保持领先地位。
- 英特尔：通过收购Altera，也在FPGA市场占据重要份额。

（4）存储芯片

- 三星电子：在DRAM和NAND市场中占据重要地位，市占率分别为42.8%和34.3%。
- 美光科技：在存储芯片市场表现强劲，与三星和SK海力士形成三足鼎立之势。
- SK海力士：在存储芯片市场也具有重要地位。

（5）模拟芯片

- 德州仪器：市占率19%，在模拟芯片市场占据较大份额。
- 亚德诺半导体：市占率9%，也是模拟芯片市场的重要参与者。

（6）功率器件

- 英飞凌：市占率13.4%，在功率器件市场占据领先地位。
- 德州仪器、安森美等企业也占据重要地位。

这些公司在各自擅长的芯片类型中具有显著的市场地位，通过技术创新和全球布局，引领着行业的发展。

7.2 内审报告撰写

DeepSeek 在内审报告撰写方面展现了独特的赋能能力，通过其智能化技术和多维度功能，显著提升了内审工作的效率和质量，主要具备以下特点。

1. 风险智能评估与识别

DeepSeek 能够根据企业业务数据（如财务、采购、销售记录）自动生成风险热力图，量化评估各业务单元的风险等级，并识别高风险领域（如费用报销异常、供应商集中度过高）。这可以帮助审计团队快速定位问题，为内审报告提供精准的风险分析。

2. 内部控制自动化测试

DeepSeek 支持对关键控制点（如审批权限、职责分离）进行自动化测试，通过规则引擎验证控制有效性，并标记失效环节（如采购订单未经二级审批）。这不仅提高了测试效率，还能为内审报告提供详细的控制测试结果。

3. 异常行为侦测

基于无监督学习与图神经网络，DeepSeek 能够检测员工行为、交易数据中的异常模式（如绕开系统审批的线下操作、关联方利益输送）。这有助于在内审报告中详细记录潜在的舞弊行为和风险点。

4. 持续监控与预警

DeepSeek 支持设置动态监控指标（如部门费用超预算阈值、库存周转率异常下降），实时推送风险预警。这可以帮助审计团队及时发现并记录运营和合规风险，为内审报告提供实时数据支持。

5. 智能审计计划与底稿生成

DeepSeek 能够根据输入的业务目标（如评估采购流程合规性）自动生成审计计划，推荐审计范围、抽样方法和测试程序。此外，它还能通过自然语言指令触发测试，并自动生成标准化审计底稿，包含证据截图、分析结论及风险评级。

6. 问题跟踪与整改闭环

DeepSeek 能够将审计发现按风险类型（如内控缺陷、操作错误）和责任部门分类，并通过整改跟进看板可视化展示整改进度，设置超期提醒。这种功能有助于在内审报告中清晰记录问题整改情况，确保审计闭环。

7. 多源数据整合与权限管理

DeepSeek 能够集成 ERP 系统（如 SAP、Oracle）、OA 系统、数据库和日志文件等，支持结构化与非结构化数据（如合同文本、邮件）。它还能通过 API 或 ETL 工具实现数据实时同步，同时支持数据脱敏和角色权限分级，确保敏感信息安全。

8. 行业定制化与知识库共享

DeepSeek 支持模型定制化训练，企业可以上传历史审计案例，微调模型以适应行业特性（如制造业成本核算规则、金融业反洗钱要求）。此外，它还支持知识库共享，将已验证的审计规则存入共享库，供团队复用。

9. 技术支持与版本迭代

DeepSeek 提供 7×24h 的技术支持，用户通过内置的“审计机器人”提交问题，技术团队会快速响应。此外，它还提供行业专项包，如“国有企业内部审计合规包”和“跨境业务风控包”，满足不同企业的特定需求。

请看下面的实战案例。

◎ 提示词

根据本次投资部门内审的发现和分析结果，撰写一份详细的审计报告，包括审计范围、审计发现、风险评估、建议措施等内容。

◎ DeepSeek 回复

以下是一份投资部门内审的审计报告模板，你可根据实际内审发现和分析结果对内容进行修改与完善。

《投资部门内审审计报告》

1. 审计背景

本次内部审计旨在评估投资部门的运营效率、合规性以及投资决策流程的有效性，确保投资活动符合公司战略目标、相关政策和法规要求，同时识别潜在风险并提出改进建议。

2. 审计范围

- 投资决策流程：涵盖从项目筛选、尽职调查、评估分析到最终投资决策的全过程，包括所依据的标准、使用的模型和方法以及决策审批环节。
- 投资项目管理：涉及已投资项目后续的跟踪管理，如财务监控、经营业绩评估、风险预警以及与被投资企业的沟通协作情况。
- 财务核算与报告：针对投资相关的财务记录准确性、完整性，包括投资成本、收益确认、资产减值测试以及在财务报表中的披露情况。
- 合规性检查：对照公司内部规章制度、行业监管规定以及法律法规，审查投资部门在业务操作、信息披露、利益冲突等方面是否存在违规行为。

3. 审计方法

- 文件审查：详细查阅了投资部门在过去 [X] 年内的投资决策文件、项目档案、财务报表、合同协议等各类文档资料，共计 [X] 份。
- 人员访谈：与投资部门各级管理人员、关键岗位员工以及部分被投资企业代表进行了面对面访谈，访谈人数达到 [X] 人，深入了解业务流程执行中的实际情况和潜在问题。
- 数据分析：运用数据分析工具对投资项目的财务数据、收益指标、风险参数等进行了统计分析和趋势预测，对比同行业数据和公司内部预算目标，识别异常情况和偏差。
- 现场观察：实地走访了部分被投资企业，观察其生产经营状况、办公环境以及与投资部门的互动情况，获取第一手信息以验证文件记录和口头陈述的真实性。

4. 审计发现

（1）投资决策流程

1）尽职调查不充分

在对 [项目名称] 的投资尽职调查中，未充分关注被投资企业的法律纠纷风险，仅依据企业提供的基本资料进行初步审查，未深入调查其历史诉讼案件和潜在的法律义务，可能导致投资后面临因对方未了结的侵权诉讼而产生的声誉风险和潜在经济损失。

对目标公司的财务状况分析存在局限性，虽然对财务报表进行了常规审计，但对于一些重要的或有负债事项，如未决的税务争议、长期待摊费用的合理性等未进行详细评估，使得投资决策未能全面考虑财务风险因素。

2）投资决策审批环节存在缺陷

部分投资项目在未获得全部必要审批签字的情况下先行推进，如[项目名称]在投资金额超过预先设定的授权额度后，未及时重新履行董事会审批程序，仅由投资部门负责人和分管领导签字同意就启动了资金拨付，违反了公司投资决策审批制度，增加了投资风险和管理漏洞。

（2）投资项目管理

1）项目跟踪监控不到位

对已投资项目缺乏系统的跟踪管理机制，主要依赖被投资企业定期提交的财务报告，未建立实地走访、管理层沟通会议等多元化的信息获取渠道，导致对部分企业经营业绩下滑、市场环境变化等情况未能及时察觉，如[被投资企业名称]在过去一年中市场份额大幅下降，投资部门直至收到其年度财务报告时才得知，错过了及时采取应对措施的最佳时机。

对投资项目设定的关键绩效指标（KPI）缺乏有效的监控和评估，未根据企业实际运营情况及时调整KPI目标值，使得部分企业长期未能达到预定业绩标准却未受到相应关注和干预，影响了投资回报率的实现。

2）风险预警机制不完善

投资部门尚未建立完善的风险预警指标体系，对于投资项目面临的市场风险、信用风险、流动性风险等缺乏量化监测手段，仅凭经验判断风险状况，导致风险预警滞后或误判。例如，在金融市场波动加剧期间，未能提前识别投资组合中部分高风险资产的价值下跌风险，未能及时调整投资策略以降低损失。

（3）财务核算与报告

1）投资成本核算不准确

在部分投资项目中，投资成本的核算未严格按照会计准则执行，对于直接和间接投资成本的划分不够清晰，将一些不应资本化的费用计入了投资成本，导致财务报表中投资资产价值虚增，影响了财务信息的真实性。例如，在[项目名称]中，将与项目前期调研无关的差旅费用、业务招待费用等共计[X]万元错误地计入了投资成本。

对于以权益法核算的长期股权投资，未及时根据被投资企业的经营业绩变化调整投资账面价值，存在投资收益确认不及时、不准确的情况，影响了公司利润表的准确性和可靠性。

2）财务报表披露不充分

在年度财务报表附注中，对投资项目的详细信息披露不够充分，如未披露投资项目的预期收益、风险特征、主要假设前提等重要信息，使得财务报表使用者无法全面了解公司投资活动的实际情况和潜在风险，不利于投资者决策和外部监管要求的满足。

（4）合规性检查

1）内部控制制度执行不严格

投资部门在执行公司内部制定的投资管理制度方面存在松懈现象，部分规定未得到有效落实，如投资决策会议记录不完整，未详细记录参会人员的发言观点、表决意见以及会议讨论过程中的关键信息，不利于对投资决策过程的追溯和责任认定。

对于投资人员的权限管理存在漏洞，部分员工在未经授权的情况下能够访问敏感的投资决策数据和系统，增加了信息泄露和操作风险的可能性，违反了公司信息安全和内部控制制度要求。

2）利益冲突管理不足

投资部门未建立完善的利益冲突申报和管理机制，员工在参与投资项目过程中可能涉及的个人利益与公司利益冲突情况未得到有效识别和监控。例如，有员工在投资决策过程中推荐了其亲属参股的企业作为投资项目候选，但未按照公司规定进行利益冲突申报，损害了公司利益和投资决策的公正性。

5. 风险评估

- 投资风险：投资决策流程中的尽职调查不充分和审批环节缺陷，可能导致公司投资于高风险、低回报的项目，造成资金损失和战略目标偏离。同时，投资项目管理的薄弱环节使得已投资项目面临经营风险和市场风险而无法得到及时有效应对，进一步加剧投资损失的可能性。
- 财务风险：财务核算不准确和报表披露不充分，可能导致公司财务信息失真，误导投资者和利益相关者决策，影响公司声誉和市场形象。此外，不准确的财务数据还可能导致公司在税务申报、融资活动等方面面临合规风险和经济损失。

- 合规风险：内部控制制度执行不严格和利益冲突管理不足，使投资部门在业务操作过程中容易出现违规行为，违反法律法规和监管要求，面临法律责任追究和行政处罚，同时损害公司内部治理结构和内部控制的有效性，降低公司整体运营效率和竞争力。

6. 建议措施

（1）投资决策流程改进

1）加强尽职调查工作

建立全面、系统的尽职调查清单，涵盖法律、财务、市场、技术等各个方面，确保对被投资企业的全方位审查。对于法律纠纷、或有负债等关键事项，应聘请专业律师团队进行深入调查，并要求被投资企业提供详细说明和承诺函。

提高财务尽职调查质量，采用先进的财务分析工具和方法，对被投资企业的财务状况进行全面、深入的剖析，重点关注潜在的财务风险点，如未披露的债务、不合理的资产计价等，并在投资决策报告中详细阐述财务风险评估结果。

2）优化投资决策审批流程

严格执行投资决策审批制度，明确各审批环节的职责和权限，确保所有投资项目在获得必要审批签字后方可实施。对于超过授权额度的投资项目，必须重新履行董事会审批程序，并在审批前向董事会提交详细的投资可行性研究报告和风险评估报告。

建立投资决策追溯机制，对已审批的投资项目进行定期回顾和评估，分析投资决策过程中的合理性、合规性以及实际效果，对于存在决策失误或违规行为的情况，依法追究相关人员责任。

（2）投资项目管理强化

1）完善项目跟踪监控体系

建立多元化的项目跟踪监控机制，除要求被投资企业定期提交财务报告外，还应安排专人定期实地走访企业，与企业管理层进行面对面沟通交流，及时了解企业经营状况、市场动态和潜在风险。同时，利用现代信息技术手段，建立投资项目信息管理平台，实现对项目数据的实时采集、分析和共享。

重新审视并优化投资项目的关键绩效指标（KPI）体系，根据企业所处行业特点、发展阶段和战略目标，设定科学、合理、可量化的KPI，并建立定期评估和调整机制，确保KPI能够真实反映企业经营业绩和投资价值。对于未达到KPI目标的企业，及时组织专项分析会议，查找原因并制定针对性的改进措施。

2）建立健全风险预警机制

投入资源建立一套完善的投资项目风险预警指标体系，涵盖市场风险、信用风险、流动性风险等多个维度，运用统计分析、大数据分析等技术手段对风险指标进行实时监测和量化分析，设定明确的风险预警阈值，当风险指标触及预警阈值时，能够及时发出预警信号并启动相应的风险应对预案。

加强投资团队的风险意识培训，定期组织风险案例分析和研讨活动，提高投资人员对风险的识别、评估和应对能力，确保在面对复杂多变的市场环境时能够做出及时、准确的投资决策。

（3）财务核算与报告规范

1）提高投资成本核算准确性

加强财务人员对会计准则的学习和培训，严格按照会计准则要求对投资成本进行核算，明确直接和间接投资成本的划分标准和范围，建立投资成本核算审核机制，确保投资成本核算的准确性和合规性。

定期对长期股权投资进行减值测试，根据被投资企业的经营业绩、市场前景、资产状况等因素合理判断投资减值迹象，并按照会计准则规定及时计提减值准备，确保投资资产价值的真实反映和财务报表的公允性。

2）加强财务报表披露管理

修订和完善财务报表附注披露制度，明确投资项目的披露范围、内容和格式要求，确保对投资项目的详细信息进行充分、准确的披露，包括但不限于投资项目的基本情况、预期收益、风险特征、主要假设前提、会计政策选择等重要信息，提高财务报表的透明度和可理解性，满足投资者决策和外部监管要求。

（4）合规性管理提升

1）严格执行内部控制制度

加强对投资管理制度的宣贯和培训，确保投资部门全体员工熟悉并严格遵守各项制度规定，建立制度执行情况监督检查机制，定期对制度执行情况进行检查和评估，及时发现并纠正违规行为，确保内部控制制度的有效执行。

完善投资人员权限管理机制，严格控制投资决策数据和系统的访问权限，根据员工岗位职责和工作需要分配相应的权限，建立权限变更审批流程，确保权限设置的合理性和安全性，防止信息泄露和未经授权的操作。

2）建立利益冲突管理机制

制定完善的利益冲突申报和管理政策，明确员工在投资业务活动中可能涉及的利益冲突情形和申报要求，要求员工在参与投资项目前如实申报个人利益情况，建立利益冲突审查委员会，对员工申报的利益冲突情况进行审查和评估，并采取相应的措施予以解决，如调整工作岗位、限制参与决策等，确保投资决策的公正性和公司利益的优先保护。

7. 结论

本次投资部门内审揭示了在投资决策流程、投资项目管理、财务核算与报告以及合规性管理等方面存在的一系列问题和风险，虽然这些问题尚未对公司的整体财务状况和经营成果造成重大不利影响，但如不及时加以整改和完善，则将可能导致投资风险增加、财务信息失真、合规风险上升等严重后果。因此，建议投资部门高度重视审计发现的问题，积极采取有效措施进行整改落实，加强内部控制和风险管理，优化业务流程和管理制度，提高投资决策质量和运营效率，确保公司投资活动的稳健发展和战略目标的实现。

审计部门
[审计部门名称]
[报告日期]

请注意，以上内容仅为模板示例，实际审计报告应根据具体的审计情况进行详细撰写，确保内容真实、准确、完整，并具有针对性和可操作性。

7.3　保险电话销售开场白生成

DeepSeek在保险电话销售开场白生成方面展现了独特的赋能能力，为保险销售人员提供了高效、个性化和专业化的支持，主要具备以下特点。

1. 个性化开场白生成

DeepSeek能够根据客户画像和销售目标，生成个性化的保险电话开场白。例如，保险销售人员可以通过输入客户的基本信息（如年龄、职业、家庭状况）和销售目标（如推广重疾险或年金险），让 DeepSeek 生成针对性的开场白。

2. 专业性与通俗性平衡

DeepSeek 支持生成既专业又通俗易懂的开场白。如果生成的内容过于专业，那么销售人员可以要求 DeepSeek 用更通俗的语言重新表述，确保客户能够轻松理解。

3. 多场景话术模板支持

DeepSeek 提供了多种保险销售话术模板，涵盖不同产品（如重疾险、年金险、教育金险等）和销售场景（如电话销售、面对面沟通、微信交流等）。这些模板可以帮助销售人员快速准备开场白，突出产品的保障范围和性价比。

4. 智能分析客户需求与痛点

DeepSeek 能够通过对话形式引导销售人员挖掘客户需求，生成针对性的开场白。例如，销售人员可以要求 DeepSeek 生成一段话术，突出客户可能关心的痛点（如医疗费用负担、子女教育资金规划等），并引导客户进一步了解保险产品。

5. 动态调整与优化话术

DeepSeek 支持根据客户的实时反馈动态调整话术。销售人员可以在与客户的互动中，根据客户的反应要求 DeepSeek 优化话术内容，确保沟通的流畅性和有效性。

6. 多轮对话支持

DeepSeek 能够支持多轮对话，帮助销售人员在复杂保险业务咨询中推进对话。例如，在介绍长期护理险时，DeepSeek 可以通过上下文记忆强化指令，引导销售人员逐步解答客户疑问，促使成交。

7. 提升销售效率与客户体验

通过 DeepSeek 生成的开场白，保险销售人员能够更高效地与客户沟通，减少准备时间，提升销售效率。同时，个性化和专业化的沟通方式也能显著提升客户体验。

请看下面的实战案例。

◎ **提示词**

为保险电话销售人员生成一段开场白，内容包括自我介绍、产品推荐理由以及快速引起客户兴趣的话术，语言简洁明了，适合 30s 内完成。

◎ **DeepSeek 回复**

您好，请问是 [客户姓名] 吗？我是 [保险公司名称] 的 [姓名]。我们公司专注于为像您这样的客户，提供全方位的保险保障。我今天给您来电，是想向您推荐一款备受好评的保险产品。它能为您的家庭提供坚实的保障，让您无后顾之忧，而且性价比极高，很多人都对它赞不绝口。相信您也会感兴趣，不妨花几分钟了解一下，说不定能给您带来意想不到的惊喜。

7.4 保险业务辅助

DeepSeek 在保险业务辅助方面展现了独特的赋能能力，显著提升了保险从业者的工作效率和专业性，主要具备以下特点。

1. 智能化需求分析与方案设计

DeepSeek 能够快速分析客户需求，生成定制化的保险方案。例如，保险代理人通过 DeepSeek 进行客户需求分析、产品推荐和异议处理，可将方案制作时间从 3h 缩短至 40min，效率提升显著。此外，DeepSeek 支持多语言跨境业务处理，有利于全球化布局的保险公司拓展海外市场。

2. 精准匹配与个性化推荐

DeepSeek 能够迅速查找客户需求与市场产品之间的最佳匹配结果，并生成精确的保险配置方案。系统会自动为客户提供完整的方案，包含产品的详细介绍、费用说明，甚至还提供与竞争对手的对比分析，切实降低了从业者的工作负担。

3. 核保与理赔流程优化

在健康险领域，DeepSeek 可以辅助核保评估，提供医疗核保建议，并结合核保手册优化决策流程。不过，复杂案例仍需人工介入，如在资料收集与客户沟通方面。

4. 推动保险业务模式创新

DeepSeek 的开源特性和低成本训练降低了技术门槛，中小保险公司可通过定制化模型提升竞争力。

5. 加速保险代理人专业化转型

DeepSeek 加速了保险代理人从“销售导向”向“专家顾问”的转型。基础服务由 AI 承担，而代理人需要聚焦于高价值服务，如家庭财富规划、资产传承、养老规划等。这一趋势将淘汰低水平从业者，推动行业向专业化、职业化的方向发展。

请看下面的实战案例。

◎ 提示词

为保险销售人员生成一份面向企业客户的保险方案定制建议书，内容包括企业常见风险分析、推荐的保险产品组合以及方案的优势和价值，语言专业且具有说服力。

◎ DeepSeek 回复

以下是一份面向企业客户的保险方案定制建议书：

《企业保险方案定制建议书》

尊敬的企业客户：

您好！非常感谢您选择我们的保险服务。为了帮助您更好地管理企业风险，我们为您精心定制了这份保险方案，希望能为您的企业发展保驾护航。

1. 企业常见风险分析

（1）财产损失风险

- 火灾、爆炸风险：企业厂房、仓库等建筑物及设备可能因电气故障、人为疏忽等原因引发火灾或爆炸，造成巨大的财产损失。例如，某化工企业因员工操作不当引发火灾，导致生产车间及库存原材料全部烧毁，直接经济损失达数千万元。
- 自然灾害风险：洪水、台风、地震等自然灾害可能对企业财产造成严重损害。如沿海地区的企业在台风季节容易遭受厂房损坏、设备被淹等损失。

（2）**员工意外风险**

- 工伤事故风险：员工在工作过程中可能因机器设备故障、工作环境不安全等因素发生工伤事故，导致伤残甚至死亡，企业需承担相应的赔偿责任。据统计，制造业企业的工伤事故发生率相对较高。
- 职业病风险：长期从事特定工作的员工可能患上职业病，如粉尘作业导致的尘肺病、化学物质接触引发的中毒等，这不仅影响员工的健康，还会给企业带来医疗费用和赔偿责任。

（3）**雇主责任风险**

- 员工工伤赔偿风险：根据相关法律法规，企业需要对员工在工作期间发生的工伤事故承担赔偿责任，包括医疗费用、伤残赔偿金、死亡赔偿金等，赔偿金额可能高达数百万元。
- 劳动纠纷风险：因劳动关系解除、工资福利等问题引发的劳动纠纷，可能导致企业面临法律诉讼和经济赔偿风险。

（4）**公众责任风险**

- 第三方人身伤害风险：企业经营场所内的顾客、访客等第三方人员可能因企业设施不完善、管理不善等原因遭受人身伤害，如滑倒、摔伤等，企业需要承担相应的赔偿责任。
- 第三方财产损失风险：企业的经营活动可能对周边环境或第三方财产造成损害，如施工过程中导致邻近建筑物损坏、运输过程中货物泄漏污染他人财物等。

（5）**商业中断风险**

- 因灾害或意外事件导致的营业中断风险：如火灾、洪水等灾害发生后，企业需要一段时间进行修复和重建，导致生产停滞、订单延误、收入减少，同时还要承担固定费用支出，如员工工资、租金等，给企业带来严重的经济损失。

2. 推荐的保险产品组合

（1）**企业财产保险**

- 保障范围：涵盖火灾、爆炸、自然灾害、盗窃等导致的企业固定资产（如厂房、机器设备、办公家具等）和存货的损失。
- 保险金额确定方式：根据企业财产的实际价值进行评估确定，可选择按账面原值、重置价值或评估价值等方式投保。

- 优势：为企业财产提供全面的保障，确保企业在遭受财产损失时能够得到及时的经济补偿，维持企业的正常运营。

（2）雇主责任保险

- 保障范围：承保企业因员工在工作期间遭受工伤事故或患职业病而依法应承担的赔偿责任，包括医疗费用、伤残赔偿金、死亡赔偿金等。
- 赔偿限额：可根据企业的风险状况和需求选择合适的赔偿限额，一般每人赔偿限额可达到50万元～100万元。
- 优势：有效转移企业的雇主责任风险，减轻企业在发生工伤事故时的经济负担，保障企业的稳定经营，同时也有助于维护员工的合法权益。

（3）公众责任保险

- 保障范围：承保企业在经营场所内因意外事故导致第三方人身伤害或财产损失的赔偿责任，如顾客在商场内滑倒摔伤、企业施工导致周边居民房屋受损等。
- 赔偿限额：可根据企业的经营规模和风险程度选择合适的赔偿限额，一般每次事故赔偿限额可达到100万元～500万元。
- 优势：为企业在公众责任方面的风险提供保障，避免因意外事故引发的巨额赔偿责任对企业财务状况造成严重影响，提升企业的社会形象和信誉。

（4）团体意外伤害保险

- 保障范围：为企业员工提供意外身故、意外伤残保障，部分产品还可附加意外医疗保险，报销员工因意外事故产生的医疗费用。
- 保险金额：可根据企业的预算和员工的需求确定，一般每人保险金额可达到30万元～100万元。
- 优势：增强企业对员工的福利保障，提高员工的满意度和忠诚度，同时也体现了企业对员工的人文关怀，有助于企业吸引和留住人才。

（5）商业中断保险

- 保障范围：赔偿企业在遭受自然灾害或意外事故导致营业中断期间的利润损失和必要的持续费用支出，如员工工资、租金、水电费等。
- 赔偿期限：可根据企业的恢复能力选择合适的赔偿期限，一般为

12 ～ 24 个月。

- 优势：帮助企业应对营业中断带来的经济损失，确保企业在遭受灾害后能够尽快恢复生产，维持企业的长期稳定发展。

7.5 理财辅助

DeepSeek 在理财辅助方面展现了独特的赋能能力，主要具备以下特点。

1. 个性化理财方案生成

DeepSeek 能够根据投资者的风险偏好、财务状况和投资目标，生成定制化的理财方案。例如，输入“为保守型客户设计年化为 3% ～ 4% 的固收 + 组合方案”，DeepSeek 可以输出包括国债、同业存单占比建议、短债基金优选清单以及风险对冲方案等的内容。

2. 实时市场分析与投资建议

DeepSeek 可以实时分析市场数据，提供宏观经济解读、政策影响分析以及技术面支撑位 / 压力位提示。例如，输入“分析当前沪深 300 指数波动原因及未来 1 个月的趋势预测”，DeepSeek 能够输出详细的市场分析结果。

3. 客户画像与需求分析

通过上传客户交易记录或输入客户基本信息，DeepSeek 可以生成客户的风险偏好雷达图、产品持有集中度预警和潜在配置缺口提示。例如，输入“45 岁企业主，房贷 200 万元，年收入 80 万元，曾购买信托产品”，DeepSeek 可以推荐税务规划保险、家族信托入门方案以及 ESG（Environmental, Social and Governance，环境、社会和治理）主题产品。

4. 复杂条款解读与竞品对比

DeepSeek 能够解读复杂的理财产品条款，并提供白话解读、客户告知话术和同业产品对比。例如，输入“解释 ×× 理财产品说明书第 7 条提前终止条款的三种情形”，DeepSeek 可以输出条款的详细解读和对比分析。

5. 资产配置可视化

DeepSeek 支持将客户持仓数据生成动态损益热力图、行业集中度气泡图和再平衡建议路径。例如，输入“将客户王总的持仓数据生成马科维茨有效前沿分析图，标注当前组合位置”，DeepSeek 可以输出直观的可视化图表。

6. 智能 KYC 辅助

DeepSeek 支持智能 KYC（Know Your Customer，了解你的客户）功能，通过输入客户基本信息，生成针对性的理财建议。例如，输入客户的职业、收入、家庭状况等信息，DeepSeek 可以推荐适合的理财产品和服务。

7. 监管合规

DeepSeek 能够实时检查销售话术的合规性，标记违规词句并提供合规替代话术。此外，它还可以调用私有监管处罚案例库，帮助理财顾问更好地遵守监管要求。

8. 风险控制与数据安全

DeepSeek 在使用过程中设置了严格的风险控制和数据安全机制，如虚拟客户数据训练、对话记录加密存储和 7 天自动删除策略，确保客户信息的安全。

请看下面的实战案例。

◎ 提示词

你是一位有亲和力的个人财富管理专家，面对一位有一定资产积累但对财富管理知识了解有限的客户，根据其财务状况、财富增长目标以及风险承受能力，从储蓄、投资、保险等多个维度，给出一套全面且易于理解的资产配置建议。以亲切的面谈记录形式展现。

◎ DeepSeek 回复

以下是一份面谈记录形式的资产配置建议。

1. 开场

客户您好呀！非常感谢您今天抽出时间来和我聊一聊财富管理这方面的事情。我知道您已经有了一定的资产积累，这可真是个很棒的基础呢。接下来，我会尽量用简单易懂的方式来给您一些建议，咱们一起让您的财富更好地增长起来，您看怎么样呀？

2. 了解客户情况

在给您具体建议之前，我先简单梳理一下咱们之前沟通中了解到的您的一些情况哈。您目前大概有 [X] 万元的资产，包括银行存款、房产等，每年的收入大概是 [X] 万元，支出主要集中在 [列举主要支出项目，如生活开销、子女教育、房贷等]。您说您希望财富能够稳健增长，同时也能有一定的资金灵活性，方便应对一些突发情况，对吧？而且您觉得自己的风险承受能力属于中等水平，不太能接受太大的风险，但也不想错过一些合理的收益机会。

3. 资产配置建议

（1）储蓄部分

咱们都知道，储蓄就像是咱们财富的"压舱石"，是非常重要的一部分呢。我建议您预留出 3 ～ 6 个月的生活开支作为应急资金，大概就是 [X] 万元左右吧。您可以把这部分钱放在银行的活期存款或者一些流动性强的货币基金里，像余额宝、微信零钱通之类的。这样呢，既能保证资金随取随用，又能获得比普通活期存款稍微高一点的收益，方便您应对一些突发情况，比如突然生病或者家里有急事需要用钱的时候，就不用着急去动其他的投资了呀。

（2）投资部分

1）稳健型投资

考虑到您的风险承受能力是中等，我觉得您可以把一部分资金，大概占总资产的 40% 左右，也就是 [X] 万元，投入到一些稳健型的投资产品中。比如银行的定期存款，现在一些银行的定期存款利率还是挺不错的，3 年期的能达到 3% 左右呢。还有国债，国债的安全性非常高，收益也比较稳定，适合长期持有。另外，一些大型优质蓝筹基金也是不错的选择，它们主要投资于那些业绩稳定、在行业内有领先地位的大公司股票，相对来说风险会小一些，长期来看收益也还不错呢。

2）中等风险投资

然后呢，您可以拿出大概 30% 的资金，也就是 [X] 万元，来尝试一些中等风险的投资。这里可以考虑一些混合型基金，它们可以根据市场情况灵活调整股票和债券的配置比例，有机会获得比纯债券基金更高的收益，但同时风险也会比债券基金稍高一些。不过只要咱们选择那些有经验、业绩稳定的基金经理管理的基金，风险还是相对可控的。另外，您也可以考虑配置一些优质的债券基金，债券基金的收益相对稳定，能在一定程度上平衡投资组合的风险。

3）高风险投资（小部分）

虽然您说不太能接受太大的风险，但咱们也可以适当配置一点点高风险的投资产品，大概占总资产的10%左右，也就是[X]万元吧。比如一些股票型基金，它们主要投资于股票市场，收益可能会比较高，但波动也比较大。这部分投资呢，就相当于咱们在稳健的基础上，给自己争取一些额外的收益机会。当然了，咱们也要有心理准备，可能会出现亏损的情况，不过因为占比比较小，所以对整体资产的影响也不会太大。

4）保险部分

保险在财富管理中可是个很重要的“保护伞”呀。我建议您首先配置好基础的保障型保险，比如重疾险、医疗险、意外险和寿险。重疾险可以在您不幸患上重大疾病时，给您一笔一笔的钱来支付治疗费用和弥补收入损失，大概保额在[X]万元左右比较合适；医疗险呢，主要是报销医疗费用，可以和医保形成互补，选择那种百万医疗险，保费相对比较便宜，但保额很高，能报销大部分的医疗费用；意外险就更不用说了，意外无处不在，它能给您提供意外身故、伤残和意外医疗的保障，保额也可以选择在[X]万元左右；寿险呢，主要是为了保障家庭责任，如果您是家庭的主要经济支柱，那么寿险就很重要了，保额可以根据您的家庭负债和子女抚养等情况来确定。这些基础保险配置好之后，如果还有余力，您也可以考虑一些理财型保险，比如年金险或者增额终身寿险。它们既有一定的保障功能，又能实现财富的长期稳健增值。不过在选择这类保险的时候，一定要看清楚合同条款，了解清楚收益情况和资金的流动性等细节问题呀。

4. 总结与跟进

以上呢，就是我根据您的情况给出的一个大概的资产配置建议。当然了，这只是一个初步的方案，具体的配置还需要根据市场情况的变化和您的实际需求来适时调整呢。您可以先回去仔细考虑一下，如果有任何疑问或者想法，随时给我打电话或者发信息都行呀。咱们之后也可以定期约个时间，来回顾一下您的资产配置情况，看看有没有需要优化的地方。咱们一起努力，让您的财富能够更好地保值增值，您说好不好呀？

希望这份资产配置建议的面谈记录形式能符合您的需求呀，如果您还有其他问题或者需要进一步修改完善的地方，比如具体的资产金额、投资产品选择等细节，都可以随时告诉我哦。

7.6 并购报告撰写

DeepSeek 在并购报告撰写方面展现了独特的赋能能力，通过其智能化技术和数据分析功能，显著提升了并购报告的撰写效率和质量，主要具备以下特点。

1. 数据融合与分析

DeepSeek 可以接入 ERP 系统、CRM 系统、供应链系统等，构建“财务 + 业务”一体化数据平台，快速整合并购标的的财务数据、市场表现、运营效率等多维度信息。例如，通过关联销售数据与成本波动，DeepSeek 可以快速发现潜在的风险点或价值增长点，为并购报告提供数据支持。

2. 智能预测与风险评估

DeepSeek 支持基于历史数据和市场变量的智能预测，能够自动生成多版本的预算方案和现金流预警。在撰写并购报告中，DeepSeek 可以输入并购标的的财务数据，自动测算内部收益率（IRR）和净现值（NPV），并生成风险提示报告。这有助于快速评估并购项目的潜在收益和风险。

3. 场景化分析与决策支持

DeepSeek 支持自然语言查询，能够快速生成可视化分析报告。例如，在撰写并购报告时，DeepSeek 可以回答如“如果降价 5%，那么保本点销量是多少？”或“新建产线的投资回收期能否缩短至 2 年？”等关键问题，帮助决策者快速获取答案。

4. 报告生成与优化

DeepSeek 能够根据提供的数据和要求，生成专业的并购报告框架和内容。它不仅可以生成包含数据图表分析、市场趋势预测、建议措施等内容的完整报告，还可以通过 AI 助手功能优化报告内容，确保逻辑清晰、数据准确。

5. 合规与数据安全支持

DeepSeek 支持数据脱敏和角色权限分级，确保敏感信息的安全。这对于涉及复杂交易和敏感数据的并购项目尤为重要。

6. 提升效率与专业性

通过 DeepSeek 的自动化和智能化功能，撰写并购报告的时间大幅缩短，从传统方式的数周缩短至数天甚至更短。同时，DeepSeek 能够帮助报告撰写者从多个角度深入分析并购标的，提升报告的专业性和可信度。

请看下面的实战案例。

◎ 提示词

你是一位经验丰富的并购融资顾问，正在分析一个大型企业并购案例，从融资渠道选择、融资成本控制、融资结构设计等角度出发，为企业量身定制一套合理的并购融资方案，并进行详细的成本效益分析。以专业的融资方案报告形式呈现，字数不少于 1800 字。

◎ DeepSeek 回复

《[企业名称] 并购融资方案报告》

1. 引言

在当今竞争激烈的商业环境中，并购已成为企业实现快速扩张、资源整合和战略转型的重要手段。本次报告旨在为 [企业名称] 对 [目标企业名称] 的并购项目提供一套全面、合理且具有可操作性的融资方案，通过对融资渠道选择、融资成本控制以及融资结构设计等方面的深入分析，确保并购交易的顺利进行，同时优化企业的资本结构，实现股东价值最大化。

2. 企业与并购项目概况

（1）[企业名称] 简介

[企业名称] 成立于 [成立年份]，经过多年的发展，已成为行业内具有重要影响力的企业，业务涵盖 [主要业务领域]，拥有先进的生产技术、广泛的销售网络以及优秀的管理团队。截至 [报告期]，企业资产总额达到 [X] 亿元，年营业收入为 [X] 亿元，净利润为 [X] 亿元，具备较强的盈利能力和市场竞争力。

（2）[目标企业名称] 简介

[目标企业名称] 是一家专注于 [目标企业核心业务] 的企业，在 [目标企

业所在市场或领域]拥有较高的市场份额和独特的资源优势，如[列举目标企业的关键资源或技术，如专利技术、品牌价值、客户资源等]。其与[企业名称]的业务具有较强的互补性，通过并购有望实现协同效应，提升双方在市场中的综合竞争力。

（3）并购项目背景与战略意义

本次并购是[企业名称]实施战略扩张计划的关键一步，旨在通过整合[目标企业名称]的资源和业务，实现以下战略目标：

- 拓展市场份额：借助[目标企业名称]在[目标市场]的现有渠道和客户基础，迅速扩大[企业名称]在该市场的业务覆盖范围，提高市场占有率。
- 资源整合与协同效应：双方在技术研发、生产管理、供应链等方面存在显著的协同潜力，通过并购后的整合，有望降低运营成本、提高生产效率，实现1+1＞2的效果。
- 技术与创新能力提升：[目标企业名称]拥有的[专利技术或研发团队]将为[企业名称]带来新的技术突破和创新动力，加速产品升级换代，增强企业的核心竞争力。

3. 融资渠道选择

（1）股权融资

1）首次公开募股（IPO）或增发股票

- 优势：通过向公众投资者发行新股，能够筹集到大量的资金，且无须偿还本金，不会增加企业的债务负担，有助于优化企业的资本结构，提高企业的信誉和市场形象。同时，新股东的加入可以为企业带来新的资源和战略视角，促进企业的长期发展。
- 劣势：IPO过程复杂且耗时较长，需要满足严格的监管要求和信息披露标准，前期准备成本较高。增发股票可能会稀释原有股东的股权比例和控制权，引发股东之间的利益冲突。此外，股票市场价格波动较大，若在市场行情不佳时发行股票，可能无法获得理想的融资金额或估值。
- 适用性分析：考虑到本次并购交易金额较大，且[企业名称]具备一定的市场知名度和盈利能力，若企业未来发展前景良好且符合上市条件，可考虑通过增发股票的方式筹集部分并购资金。然而，鉴于IPO的时间成本和不确定性，以及股权稀释对企业控制权的影响，在当前阶段可能不是最优选择，但可作为备选融资渠道之一。

2）引入战略投资者

- 优势：战略投资者通常为企业带来不仅仅是资金支持，还包括行业资源、技术、管理经验等战略要素，有助于企业在并购后实现业务整合和协同发展。与财务投资者相比，战略投资者更注重长期投资回报，对企业的短期业绩压力相对较小，有利于企业制定长期发展战略。
- 劣势：引入战略投资者可能会涉及对企业经营决策权的让渡，战略投资者可能会要求在董事会或管理层中获得一定的话语权，从而影响原有股东对企业经营的控制。此外，寻找合适的战略投资者需要花费较多的时间和精力进行沟通与谈判，且双方在战略目标和企业文化等方面的契合度需要仔细考量，以避免未来可能出现的合作矛盾。
- 适用性分析：鉴于[目标企业名称]所处行业的特点和战略价值，引入具有相关产业背景的战略投资者具有较高的可行性。例如，[列举潜在战略投资者所在行业或企业类型，如同行业大型企业、上下游产业企业、战略互补型企业等]，这些战略投资者与[企业名称]和[目标企业名称]之间存在潜在的协同效应，通过引入战略投资者，不仅可以获得并购资金，还可以为企业的未来发展提供战略支持。因此，引入战略投资者可作为本次并购融资的重要渠道之一。

（2）债权融资

1）银行贷款

- 优势：银行贷款是企业最常见的融资方式之一，具有融资成本相对较低、融资期限较为灵活等优点。银行作为专业的金融机构，在风险评估和资金管理方面具有丰富的经验，能够为企业提供较为稳定的资金支持。此外，通过与银行建立长期合作关系，企业还可以获得其他金融服务，如结算、理财等。
- 劣势：银行贷款通常需要企业提供抵押物或担保，对于一些轻资产企业或缺乏足够抵押物的企业来说，可能难以获得足额贷款。同时，银行对企业的财务状况和信用评级有较高要求，若企业负债率较高或信用评级较低，可能面临贷款审批困难或贷款利率上浮等问题。此外，银行贷款的审批流程相对烦琐，可能无法满足企业紧急融资需求。

- 适用性分析：[企业名称] 作为一家具有一定规模和实力的企业，具备较好的信用评级和资产实力，能够满足银行贷款的基本要求。在本次并购融资中，银行贷款可作为主要的债权融资渠道之一，用于满足部分并购资金需求。通过合理安排贷款期限和还款计划，可以有效降低融资成本和债务风险。

2）债券发行

- 优势：债券发行可以在资本市场上面向广大投资者筹集资金，融资规模较大且不受银行信贷政策的限制。企业可以根据自身财务状况和市场利率水平，灵活设计债券的期限、利率和还款方式等条款，满足不同的融资需求。与银行贷款相比，债券发行有助于提高企业的市场知名度和品牌形象，增强企业的市场影响力。
- 劣势：债券发行需要满足一定的市场条件和监管要求，如企业的信用评级、盈利能力、偿债能力等指标需要达到一定标准，发行成本相对较高，包括承销费用、律师费用、评级费用等。此外，债券市场利率波动较大，若在市场利率上升时期发行债券，企业将面临较高的融资成本。同时，债券到期还本付息的压力较大，若企业未来经营状况不佳，可能面临偿债风险。
- 适用性分析：考虑到 [企业名称] 的财务状况和市场信誉，若能够获得较高的信用评级，债券发行可作为一种有效的融资渠道。通过合理安排债券发行规模和期限结构，结合市场利率走势，可以在一定程度上降低融资成本。然而，债券发行的前期准备工作较为复杂，且受市场环境影响较大，需要企业提前做好规划和市场调研。在本次并购融资方案中，可将债券发行作为重要的债权融资补充渠道，与其他融资方式相结合，共同满足并购资金需求。

3）资产证券化

- 优势：资产证券化是一种将企业具有稳定现金流的资产进行重组和打包，通过结构化设计转化为可在金融市场上出售和流通的证券产品的融资方式。其优势在于能够将企业的存量资产转化为流动性较强的现金资产，拓宽融资渠道，降低融资成本。同时，资产证券化不依赖于企业的整体信用评级，而是基于基础资产的信用质量，对于一些资产质量较高但企业整体信用评级一般的企业来说，具有较大的吸引力。

- 劣势：资产证券化的操作较为复杂，涉及多个参与主体和环节，包括资产池构建、信用评级、承销发行等，前期准备和发行的成本较高。此外，资产证券化产品的市场认知度和接受程度相对较低，可能面临市场需求不足的问题，导致发行失败或发行价格不理想。同时，资产证券化产品的风险隔离机制和法律结构较为复杂，需要专业的法律和金融团队进行设计和运作，对企业的管理能力和专业水平要求较高。
- 适用性分析：若[企业名称]拥有稳定现金流的优质资产，如长期应收账款、优质信贷资产等，可考虑通过资产证券化方式筹集部分并购资金。通过将这些资产进行证券化处理，可以提前实现资金回笼，用于支持并购交易。然而，鉴于资产证券化的复杂性和成本因素，在本次并购融资方案中，可将其作为一种创新融资渠道进行探索，但预计在融资规模上相对有限，需要结合企业的实际情况和市场环境进行综合评估。

（3）内部融资

1）企业留存收益

- 优势：企业留存收益是企业内部积累的资金，使用成本相对较低，不需要支付额外的利息或股息，也不会增加企业的债务负担或稀释股东股权。利用留存收益进行融资，可以提高企业的资金使用效率，增强企业的自主发展能力，同时也有助于保持企业的财务灵活性和稳定性。
- 劣势：留存收益的规模通常受到企业盈利能力和利润分配政策的限制，对于一些大型并购项目来说，可能无法满足其全部资金需求。此外，过度依赖留存收益进行融资，可能会导致企业资金储备不足，影响企业的正常生产经营和未来发展投资。
- 适用性分析：[企业名称]过去几年保持了较好的盈利水平，积累了一定的留存收益。在本次并购融资中，可将留存收益作为重要的内部资金来源之一，用于满足部分资金需求，降低对外部融资的依赖程度。然而，考虑到并购项目的资金规模较大，仅靠留存收益可能难以满足全部需求，需要与其他融资渠道相结合。

2）资产处置与变现

- 优势：通过处置企业闲置资产、非核心资产或低效资产，可以快速回笼资金，用于支持并购交易。这种方式可以在不增加企业负债或稀释股权的情况下，实现资金的内部调配和优化配置，提高企业资产的整体质量和运营效率。

- 劣势：资产处置可能会对企业正常的生产经营活动产生一定的影响，如处置生产设备可能会影响产能，处置子公司股权可能会影响企业的业务布局等。此外，资产处置价格受市场行情和资产质量等因素的影响较大，若处置时机不当，可能会导致企业资产价值受损，无法获得理想的处置收益。
- 适用性分析：[企业名称]可以对自身的资产状况进行全面梳理，寻找闲置或低效利用的资产，如闲置土地、房产、设备等，通过合理处置这些资产，筹集部分并购资金。同时，对于一些非核心业务或与企业战略发展方向不符的子公司股权，也可以考虑进行出售或转让，实现资产的优化配置和战略聚焦。然而，在资产处置过程中，需要充分考虑对企业生产经营的影响和资产价值的评估，确保资产处置的合理性和合法性。

4. 融资成本控制

（1）优化融资结构，降低综合融资成本

通过合理搭配股权融资和债权融资的比例，充分利用各种融资渠道的优势，实现融资成本的最小化。例如，在满足并购资金需求的前提下，适当增加股权融资比例，可以降低企业的债务负担和财务风险，同时利用股权融资的长期性和稳定性，为企业的发展提供持续的资金支持。然而，股权融资成本相对较高，因此需要在股权融资和债权融资之间寻求一个平衡点，通过精确的财务测算和成本效益分析，确定最优的融资结构，使综合融资成本达到最低水平。

（2）把握融资时机，降低市场利率风险

密切关注宏观经济形势、金融市场动态和利率走势，选择合适的融资时机进行资金筹集。在市场利率较低时期，优先考虑发行债券、银行贷款等债权融资方式，锁定较低的融资成本。同时，对于股权融资，也可以根据市场行情和企业估值情况，选择在企业股价相对较高时进行增发股票或引入战略投资者，以获得更高的股权融资估值，降低股权融资成本。此外，通过合理安排融资期限和还款计划，利用利率互换、远期利率协议等金融衍生工具，对冲利率波动风险，进一步降低融资成本的不确定性。

（3）加强与金融机构合作，争取优惠融资条件

与银行、证券公司等金融机构建立长期稳定的合作关系，通过良好的合作记录和信用评级，争取更优惠的贷款利率、债券发行承销费用等融资条件。积极参与金融机构组织的各类融资产品推介会和路演活动，提高企业在金融市场的知名度和美誉度，吸引更多的投资者关注和参与企业的融资项目。同时，与金融机构共同开展风险管理合作，通过风险分担和补偿机制，降低金融机构的风险顾虑，从而为企业争取更有利的融资条款和条件。

（4）提高企业自身信用评级，降低融资成本

加强企业的内部管理和财务管控，优化财务报表结构，提高企业的盈利能力、偿债能力和现金流稳定性，从而提升企业的信用评级。良好的信用评级不仅可以降低企业在银行贷款、债券发行等方面的融资成本，还可以增加企业在资本市场上融资的可行性和成功率。因此，企业应注重自身的信用建设，通过规范的财务管理、稳健的经营策略和良好的市场声誉，不断提升自身的信用评级水平，为降低融资成本创造有利条件。

5. 融资结构设计

（1）融资规模与资金需求分析

根据本次并购项目的交易价格、交易结构以及预计的整合成本等因素，经财务测算，本次并购所需资金总额约为 [X] 亿元。具体资金需求构成如下：

- 并购交易对价：[X] 亿元，包括现金支付部分和股权支付部分，其中现金支付比例为 [X]%，股权支付比例为 [X]%。
- 整合成本：[X] 亿元，主要包括人员安置费用、业务整合费用、系统建设费用等，预计在并购完成后 [X] 年内逐步投入。
- 风险准备金：[X] 亿元，用于应对并购过程中可能出现的各类风险和不确定性因素，如交易风险、市场风险、整合风险等。

（2）融资渠道组合与资金来源安排

基于上述融资渠道选择和融资成本控制的分析，本次并购融资结构设计如下。

1）股权融资

- 引入战略投资者：计划引入 [X] 家战略投资者，预计募集资金 [X] 亿元，占并购资金总额的 [X]%。战略投资者将通过认购企业新增注册资本的方式成为企业的股东，持股比例根据实际募集资金情况和企业股权结构规划确定，但原则上不超过 [X]%，以确保原有股东对企业的控制权。

- 企业留存收益：利用企业过去积累的留存收益 [X] 亿元，占并购资金总额的 [X]%，作为内部股权融资来源，用于支持并购交易。

2）债权融资

- 银行贷款：向银行申请并购贷款 [X] 亿元，占并购资金总额的 [X]%。贷款期限为 [X] 年，贷款利率根据银行同期贷款基准利率和企业的信用评级情况确定，预计年利率为 [X]% 左右。贷款将按照并购交易进度和资金需求分阶段发放，确保资金的合理使用和有效监管。
- 债券发行：计划发行公司债券 [X] 亿元，占并购资金总额的 [X]%。债券期限为 [X] 年，票面利率根据市场利率水平和企业的信用评级情况确定，预计年利率为 [X]% 左右。债券发行将通过公开市场招标方式，面向社会公众投资者和机构投资者进行销售，募集资金将专门用于本次并购项目。
- 资产证券化：选择企业部分优质资产进行证券化处理，预计发行资产支持证券 [X] 亿元，占并购资金总额的 [X]%。资产证券化产品的期限和利率将根据基础资产的现金流情况与市场利率水平进行设计，预计年利率为 [X]% 左右。通过资产证券化方式筹集的资金将作为并购资金的补充来源，用于满足部分资金需求。

3）内部融资

- 资产处置与变现：对企业的闲置资产和非核心资产进行处置，预计可筹集资金 [X] 亿元，占并购资金总额的 [X]%。资产处置将按照公开、公平、公正的原则进行，通过市场化的交易方式，确保资产处置价格的合理性和合法性。筹集的资金将直接用于支持并购交易，减少对外部融资的依赖。

（3）融资结构的优化与调整

在并购融资过程中，将密切关注市场环境变化、企业经营状况以及融资成本波动等因素，对融资结构进行动态优化和调整。例如，若在融资过程中发现某一融资渠道的成本过高或融资难度较大，将及时调整融资计划，增加其他相对低成本或可行的融资渠道的融资比例，确保并购资金的足额筹集和融资成本的有效控制。同时，根据并购项目的实际资金需求和资金使用进度，合理安排资金投放和还款计划，避免资金闲置和浪费，提高资金使用效率。

6. 成本效益分析

（1）融资成本分析

根据上述融资结构设计，本次并购融资的综合融资成本计算如下。

1）股权融资成本

引入战略投资者的股权融资成本主要体现在股权稀释和股东权益回报方面。假设战略投资者要求的年平均投资回报率为 [X]%，则每年的股权融资成本为：[募集资金] × [投资回报率] = [X] 亿元 ×[X]% = [X] 亿元。

企业留存收益的融资成本相对较低，可视为企业的机会成本，即企业将留存收益用于并购投资而放弃的其他投资机会的收益。假设企业留存收益的机会成本率为 [X]%，则每年的留存收益融资成本为：[留存收益]×[机会成本率] = [X] 亿元 × [X]% = [X] 亿元。

2）债权融资成本

银行贷款的年利息支出为：[贷款金额]×[贷款利率] = [X] 亿元 × [X]% = [X] 亿元。

债券发行的年利息支出为：[债券发行金额]×[票面利率] = [X] 亿元 × [X]% = [X] 亿元。

资产证券化的年利息支出为：[资产支持证券发行金额]×[预期利率] = [X] 亿元 × [X]% = [X] 亿元。

3）内部融资成本

资产处置与变现的融资成本主要为资产处置过程中的相关费用，如评估费、交易手续费等，预计总费用为 [X] 万元，折合年成本为 [X] 万元（假设资产处置在一年内完成）。

综合以上各项融资成本，本次并购融资的年综合融资成本为：[股权融资成本] + [债权融资成本] + [内部融资成本] = ([X] +[X]) 亿元 + ([X] + [X] + [X]) 亿元 +[X] 万元 = [X] 亿元 +[X] 万元 = [X] 亿元。

（2）效益分析

1）并购协同效应带来的收益

- 营业收入增长：通过并购 [目标企业名称]，预计在未来 [X] 年内，企

业市场份额将扩大 [X]%，营业收入将相应增长 [X] 亿元。按照企业平均净利润率 [X]% 计算，新增营业收入将带来净利润增长 [X] 亿元。

- 成本节约：双方在业务整合过程中，预计每年可实现成本节约 [X] 亿元，主要包括采购成本降低、生产效率提高、管理费用减少等方面的节约额。
- 创新能力提升：借助 [目标企业名称] 的技术优势和研发团队，企业预计每年可增加新产品销售收入 [X] 亿元，带来新增净利润 [X] 亿元（按照新产品平均净利润率 [X]% 计算）。

2）资本增值收益

通过并购整合，企业的资产规模和质量将得到提升，预计企业整体价值将增长 [X] 亿元。在未来的股权融资或企业出售过程中，将为股东带来资本增值收益。

3）融资成本效益分析

在考虑并购协同效应和资本增值收益的情况下，本次并购项目的净收益为：[新增净利润]+[成本节约]+[新产品净利润]+[资本增值收益]−[综合融资成本]。

从投资回报率的角度来看，本次并购项目的投资回报率为：[净收益] / [并购资金总额]。投资回报率高于企业的平均资本成本率，表明本次并购项目具有较好的经济效益和投资价值。

7. 结论

本次为 [企业名称] 设计的并购融资方案综合考虑了融资渠道选择、融资成本控制和融资结构设计等关键因素，通过合理搭配股权融资、债权融资和内部融资的比例，确保了并购资金的足额筹集和融资成本的有效控制。同时，通过对并购项目的成本效益分析，表明该融资方案具有较高的经济效益和投资价值，能够为企业实现战略目标提供有力的资金支持。在并购融资实施过程中，企业应密切关注市场环境变化和企业经营状况，及时对融资结构进行优化和调整，确保并购项目的顺利进行和企业的长期稳定发展。

以上报告仅供参考，企业应根据实际情况和专业财务顾问的意见，对并购融资方案进行进一步的细化和完善，确保方案的可行性和有效性。

以上内容仅供参考，你可以根据实际情况进行调整和补充。如果你还有其他问题，欢迎继续向我提问。

7.7 外汇交易辅助

DeepSeek 在外汇交易辅助方面展现了独特的赋能能力，主要具备以下特点。

1. 高频量化交易优化

DeepSeek 能够显著提升高频量化交易的效率。通过其先进的算法和低延迟特性，DeepSeek 可以在价格触及预设交易点位的瞬间迅速完成交易决策和指令发送，相比于传统交易系统，大大缩短了交易时间，减小了交易滑点，降低了交易成本。

2. 实时风险监测与管理

DeepSeek 提供了强大的风险预警功能，能够实时监测市场波动并发出警报。它通过历史波动率计算评估潜在风险，并提出相应的止损策略，帮助交易者制定合理的风险控制方案。统计显示，应用 DeepSeek 的交易者相比于传统交易者，损失概率降低了 40%。

3. 市场数据分析与预测

DeepSeek 能够处理海量的市场数据，包括宏观经济指标、订单流数据和舆情信息，为外汇交易提供全面的市场分析和预测支持。例如，它可以通过卫星图像解析港口货运量，预测全球经济趋势，从而为外汇交易提供宏观视角。

4. 自动化交易策略开发

DeepSeek 支持通过自然语言指令生成交易策略代码，实现零代码开发。用户可以通过简单的对话式指令，快速构建自动化交易机器人，抓取市场数据并执行交易策略。这极大地降低了外汇交易的技术门槛，使普通投资者也能利用先进的 AI 技术进行交易。

5. 社交媒体情绪分析

DeepSeek 能够整合社交媒体数据，分析市场情绪和投资者动态。通过分析发布内容和 KOL（Key Opinion Leader，关键意见领袖）动态，DeepSeek 可以帮助交易者更精准地识别市场热点和潜在机会。

6. 多模态数据处理

DeepSeek 能够整合多种数据源，包括链上数据、链下数据和舆情监控，形成“数据抓取－智能分析－决策执行”的全链路闭环。这在外汇交易中尤为重要，因为它可以帮助交易者从多个角度分析市场动态。

7. 安全与合规保障

在外汇交易中，DeepSeek 可以通过集成 RugCheck 等工具进行代币合约的安全性检查，避免交易存在风险的代币。此外，DeepSeek 还支持动态熔断机制，实时监控大额流动性变动，防止闪电贷攻击，确保交易系统的安全性。

请看下面的实战案例。

◎ 提示词

你是一位敏锐的外汇交易员，时刻关注着全球外汇市场动态，根据主要货币对走势、经济数据发布以及地缘政治因素，精准把握交易时机，给出今日欧元/美元、美元/日元等关键货币对的交易建议，包括买入或卖出时机、止损位和止盈位设置。以简洁明了的交易指令形式呈现。

◎ DeepSeek 回复

以下是今日欧元/美元、美元/日元等关键货币对的交易建议：

（1）欧元/美元（EUR/USD）

- 交易建议：卖出。
- 理由：欧元/美元汇率可能继续向平价水平缓慢下滑。当前市场预期其面临下行压力，尽管经历超卖后跌势暂停，但预计恢复跌势的可能性较大。
- 买入时机：若出现技术性反弹至 1.0189 附近，可考虑短线买入。
- 卖出时机：若反弹至 1.0293 附近，可考虑卖出。
- 止损位：1.0189
- 止盈位：0.9748

（2）美元/日元（USD/JPY）

- 交易建议：买入。
- 理由：美元兑日元交投于 153.867，尽管日内下跌 0.34%，但市场情绪依然偏向美元的强势。近期美国经济数据，尤其是核心消费者价格指数（Core CPI）超预期上行，市场对美联储加息周期延续的预期越发增强，这为美元提供了支撑。与此同时，日本央行的货币政策依旧宽松，日元面临较大贬值压力。

- 买入时机：若回调至152.00附近，可考虑买入。
- 卖出时机：若价格接近158.50，可考虑卖出部分仓位锁定利润。
- 止损位：154.00
- 止盈位：158.50

|第 8 章| CHAPTER

使用 DeepSeek 实现高效制造

8.1 产品创新研发

DeepSeek 在产品创新研发方面展现了独特的赋能能力，通过智能化技术和多模态数据处理，为产品创新研发提供了全方位支持，主要具备以下特点。

1. 需求洞察与市场调研

DeepSeek 能够高效获取与产品相关的最新行业新闻、分析报告和用户反馈，帮助产品经理快速了解市场趋势和竞争对手动态。通过深度分析用户评价和反馈，DeepSeek 可以识别用户痛点和需求趋势，从而优化产品方向。

2. 智能设计与原型生成

DeepSeek 与墨刀 AI 原型工具的结合，能够将需求洞察快速转化为产品设计。通过自然语言输入，如“设计一个包含个性化推荐的电商首页”，DeepSeek 可以在 30s 内生成符合设计规范的交互原型，并基于用户数据智能优化信息层级。这种能力显著提升了产品设计效率，将从需求洞察到原型交付的时间周期压缩了 70%。

3. 多模态数据处理与创新

DeepSeek 支持多模态数据处理，能够结合文本、图像等多种数据类型，为产品研发提供更全面的支持。例如，在服装设计领域，DeepSeek 通过对东方美学元素的解析，帮助设计师快速生成汉服纹样和旗袍廓形创新方案，显著缩短了设计周期。

4. 智能迭代与数据驱动决策

DeepSeek 通过分析历史版本的 A/B 测试数据，预测不同设计方案的转化概率，帮助团队实现数据驱动的产品迭代。这种能力使得产品团队能够快速验证市场需求和设计契合度，优化产品策略。

请看下面的实战案例。

◎ 提示词

你是一名食品加工行业的研发人员，分析市场上的食品消费趋势、消费者口味偏好以及竞争对手的产品特点，结合本工厂的生产技术和原料资源，提出至少三种具有创新性的食品产品概念。

◎ DeepSeek 回复

以下是结合市场趋势、消费者口味偏好、竞争对手产品特点，以及本工厂的生产技术和原料资源提出的三种创新性食品产品概念：

产品概念一：营养强化型全谷物早餐

市场趋势与消费者口味偏好：随着健康意识的提高，消费者对食品的营养成分有了更高要求，功能性和营养性成为饮食的新热点。消费者越来越关注早餐的营养均衡，希望在早餐中摄入更多的膳食纤维、蛋白质和维生素等营养成分。

竞争对手产品特点：目前市场上的早餐产品多以谷物为基础，但营养成分相对单一，缺乏强化。一些品牌虽然添加了营养成分，但口感和口味有待提升。

产品概念：开发一款以全谷物为基础，强化添加蛋白质、膳食纤维、维生素和矿物质等多种营养成分的早餐产品。产品可以采用多种全谷物混合的形式，如燕麦、糙米、藜麦等，以增加口感的丰富度和营养价值。同时，添加植物蛋白（如大豆蛋白、豌豆蛋白）和益生菌，以满足消费者对蛋白质和肠道健康的需求。在口味上，可以推出多种口味选择，如水果味、坚果味、巧克力味等，以满足不同消费者的口味偏好。

生产技术与原料资源：利用本工厂的先进的谷物加工技术和营养成分强化

技术，确保产品的营养成分均匀分布和稳定。原料方面，可以利用本地优质的谷物资源和进口的优质植物蛋白粉等原料，保证产品的品质和口感。

产品概念二：植物基功能性饮料

市场趋势与消费者口味偏好：消费者对健康的关注度显著提升，功能性饮品、低卡零食以及富含超级食物成分的产品将成为市场的新兴趋势。植物基饮料因其健康、环保等优点受到越来越多消费者的青睐。

竞争对手产品特点：目前市场上的植物基饮料多以豆奶、杏仁奶等为主，产品同质化现象较为严重。一些品牌虽然添加了功能性成分，但口感和口味有待提升。

产品概念：开发一款以植物基为基础，添加多种功能性成分的功能性饮料。产品可以采用椰子水、燕麦奶等植物基作为基础，添加益生菌、维生素、矿物质等营养成分，以满足消费者对肠道健康、免疫力提升等需求。在口味上，可以推出多种口味选择，如水果味、茶味、咖啡味等，以满足不同消费者的口味偏好。

生产技术与原料资源：利用本工厂的先进的植物提取技术和饮料生产工艺，确保产品的营养成分稳定和口感良好。原料方面，可以利用本地优质的植物基原料和进口的优质功能性成分，保证产品的品质和口感。

产品概念三：地域风味融合休闲零食

市场趋势与消费者口味偏好：消费者对新奇口味和独特体验的追求日益增加，地域风味的融合成为食品创新的重要方向。消费者希望通过食品体验不同地域的文化和风味。

竞争对手产品特点：目前市场上的休闲零食多以传统口味为主，缺乏创新。一些品牌虽然尝试了地域风味的融合，但产品形式和口感有待提升。

产品概念：开发一款将不同地域风味融合的休闲零食。产品可以采用多种地域特色食材和调味料，如四川的麻辣、广东的甜咸、云南的酸辣等，以创造出独特的口味体验。在产品形式上，可以推出多种形态选择，如薯片、坚果、肉干等，以满足不同消费者的喜好。

生产技术与原料资源：利用本工厂的先进的食品加工技术和调味技术，确保产品的口味独特和口感良好。原料方面，可以利用本地优质的食材资源和进口的优质调味料，保证产品的品质和口感。

8.2 生产流程再造

DeepSeek 在生产流程再造方面展现了独特的赋能能力，通过智能化技术和数据分析，推动了制造业的数字化转型和智能化升级，主要具备以下特点。

1. 故障预测与诊断

DeepSeek 能够基于历史数据和实时数据，运用深度学习算法建立设备故障模型，提前预测设备可能出现的故障。这一能力使维修人员能够提前准备，有效减少设备停机时间和生产损失。

2. 边缘计算能力强化

DeepSeek 与 PLC（可编程逻辑控制器）的深度融合，使得 PLC 具备了更强的边缘计算能力。它能够在本地快速处理和分析数据，减少数据传输到云端或中央服务器的延迟，提高系统响应速度。

3. 生产效率提升

DeepSeek 通过对生产数据的深度分析和优化，使得 PLC 能够更精准地控制生产过程，协调各生产环节。它减少了生产中的等待时间、空转时间和调整时间，提高了整体的生产效率。

4. 运营成本降低

DeepSeek 助力 PLC 实现更精准的能源管理，根据生产负荷动态调整设备功率，显著降低能源消耗。同时，故障预测和精准维护减少了维修成本和设备停机造成的生产损失。

5. 质量控制精准化

结合 DeepSeek 的数据分析能力，PLC 能够实时监控生产过程中的质量数据，及时发现质量偏差并进行调整。在食品饮料生产中，DeepSeek 能够实时监测灌装量、包装质量等关键指标，提高产品质量的稳定性，减少次品率。

6. 智能研发加速

在制造业研发环节，DeepSeek 支持代码生成与仿真建模，显著缩短研发周期并降低成本。例如，某装备制造企业借助 DeepSeek 预计可将研发周期从 18 个月缩短至 10 个月，研发成本预计下降 35%。

7. 智能生产流程优化

DeepSeek 推动生产流程从“人盯设备”向“AI 自决策”转变。例如，某家电巨头的“黑灯工厂”通过 DeepSeek 的视觉检测与工艺优化模型，将不良品率从 0.8% 降至 0.1%，预计每年可节省质检成本超过 2000 万元。

8. 智能供应链管理

DeepSeek 能够通过需求预测和智能备货优化供应链管理。例如，长虹供应链接入 DeepSeek 后，需求预测精准度提升了 30%，智能客服响应效率翻倍，人工介入率降低了 70%。

9. 数据融合与统一管理

DeepSeek 通过物联网边缘计算设备实现毫秒级数据采集，并借助异构系统集成驱动，快速对接 ERP、OA、CRM 等信息系统，打破数据孤岛，实现全要素连接。

10. 推动工业自动化升级

DeepSeek 与 PLC 的深度融合，使得工业自动化从传统的简单逻辑控制向智能化、自适应控制转变，为工业 4.0 和智能制造的发展提供了有力支持。

请看下面的实战案例。

◎ 提示词

你是一家电子设备制造工厂的流程优化顾问，基于当前工厂的生产流程布局和设备配置，对生产流程进行模拟和优化，目标是在不增加人力和设备成本的情况下，将生产效率提高 20%，并详细说明如何通过 AI 调度系统实现生产任务的智能分配和设备的高效协同工作。

◎ DeepSeek 回复

以下是基于 AI 的生产流程模拟和优化方案，以实现生产效率提高 20% 的目标。

1. 生产流程模拟

- 数据收集与分析：收集工厂当前生产流程中的各项数据，包括设备运行数据、生产任务数据、物料供应数据、人员操作数据等。通过数据分析，了解生产流程中的瓶颈环节、设备利用率、生产周期等关键指标，为后续的模拟和优化提供依据。

- 建立数字孪生模型：利用AI技术构建工厂的数字孪生模型，该模型能够精确地模拟工厂的生产流程、设备运行状态和人员操作。通过数字孪生模型，可以对不同的生产场景进行模拟和预测，评估各种优化方案的效果。
- 模拟不同生产场景：基于数字孪生模型，模拟不同的生产场景，如设备故障、物料短缺、订单变化等，分析这些场景对生产效率的影响。通过模拟，可以提前发现潜在的问题，并制定相应的应对策略。

2. 生产流程优化

- 智能调度和计划：运用AI算法进行智能调度和计划，根据历史数据、实时生产状况和市场需求等信息，准确预测生产需求，并据此协调仓储、物料采购和生产计划。AI调度系统可以动态调整生产计划，减少生产过程中的进度瓶颈，避免物资浪费，提高生产效率和资源利用率。
- 设备优化与协同：通过AI技术对设备进行优化和协同控制，实现设备的高效运行和协同工作。例如，利用AI算法优化设备的运行参数，提高设备的生产效率和产品质量；通过AI调度系统协调不同设备之间的任务分配和工作顺序，避免设备之间的冲突和等待时间。
- 质量检测与控制：采用AI视觉识别和图像处理技术，对生产线上的产品进行实时质量检测和控制。AI系统能够自动识别和分类产品缺陷，提高检测效率和准确性，减少人为失误对产品质量的影响。通过对质量数据的分析，可以及时发现生产过程中的质量问题，并采取相应的措施进行改进。

3. AI调度系统实现生产任务的智能分配和设备的高效协同工作

- 任务分配：AI调度系统根据生产任务的需求和设备的运行状态，将任务智能分配给最适合的设备和人员。系统会考虑设备的性能、当前工作负载、人员的技能水平等因素，确保任务能够高效完成。通过智能分配，可以提高设备和人员的利用率，减少任务等待时间和生产周期。
- 设备协同：AI调度系统通过实时监控设备的运行状态和生产进度，协调不同设备之间的协同工作。当一个设备完成任务后，系统会立即通知下一个设备开始工作，避免生产过程中的等待和延误。同时，系统还可以根据生产需求动态调整设备的工作顺序和参数，确保整个生产流程的高效运行。

- 实时调整：AI调度系统具有实时调整的能力，能够根据生产过程中的变化及时做出响应。例如，当设备出现故障或物料供应不足时，系统会自动调整生产计划和任务分配，确保生产过程的连续性和稳定性。通过实时调整，可以减少生产过程中的不确定性和风险，提高生产效率和产品质量。

通过以上措施，可以在不增加人力和设备成本的情况下，实现生产效率提高20%的目标。AI技术在生产流程模拟和优化中的应用，能够帮助企业更好地应对市场变化和生产挑战，提高生产效率和竞争力。

8.3 工艺参数调优

DeepSeek在工艺参数调优方面展现了独特的赋能能力，通过智能化技术和数据分析，可显著提升生产效率、产品质量和企业经济效益，主要具备以下特点。

1. 工艺参数智能调优

DeepSeek能够通过分析生产日志和质检结果，推荐最优工艺参数组合。例如，在半导体封测领域，某企业通过优化固晶机参数，将芯片封装良率从92.5%提升至97.8%，预计年减少废品损失可达1.2亿元。此外，通过强化学习（RL）动态探索参数空间和多目标优化（平衡良率、能耗、节拍），DeepSeek能够实现更精准的工艺参数调优。

2. 动态能效管理

DeepSeek支持动态调整产线设备运行参数，以降低能耗。例如，某钢铁企业通过DeepSeek的优化算法，将轧钢工序吨钢电耗从89度降至76度，预计每年可节省电费超2000万元。这种能力不仅提升了生产效率，还显著降低了企业的运营成本。

3. 虚拟工艺仿真

DeepSeek能够构建数字孪生模型，模拟产线运行，预演工艺变更的影响。

例如，某电子厂通过仿真验证新SMT贴片线布局，将产线平衡率从75%提升至92%，节省试错成本800万元。这种虚拟仿真技术为企业提供了低成本的工艺优化方案。

4. 大数据驱动的工艺迭代

通过分析历史加工数据（如材料特性、刀具磨损记录），DeepSeek可以生成最优切削参数组合。深圳某手机工厂应用后，生产线空转率下降65%，设备综合效率（OEE）突破90%。这种基于大数据的优化方式显著提升了生产效率和设备利用率。

请看下面的实战案例。

◎ 提示词

你是一位机械加工领域的资深工艺工程师，面对不同材质的机械零部件加工任务，对加工过程中的切削速度、进给量、切削深度等工艺参数进行建模和优化，以实现加工精度提高0.01mm，同时减少刀具磨损20%。

◎ DeepSeek回复

以下是利用AI对机械零部件加工过程中的切削速度、进给量、切削深度等工艺参数进行建模和优化的具体方法和步骤。

1. 数据收集与预处理

- 数据收集：收集不同材质零部件加工过程中的历史数据，包括切削速度、进给量、切削深度、刀具磨损程度、加工精度等参数。同时，还需收集加工过程中的实时数据，如机床的振动、温度、声音等信号。
- 数据预处理：对收集到的数据进行清洗和预处理，去除异常值和噪声数据，对缺失数据进行补充或修正，将数据进行归一化处理，使其适合用于AI模型的训练。

2. 建立AI模型

- 选择模型：根据数据特点和优化目标，选择合适的AI模型，如人工神经网络（ANN）、支持向量机（SVM）、深度学习模型等。
- 模型训练：将预处理后的数据分为训练集和测试集，使用训练集对模型进行训练，通过调整模型的参数，使模型能够准确地预测加工过程中的刀具磨损和加工精度。

- 模型验证：使用测试集对训练好的模型进行验证，评估模型的预测精度和泛化能力，根据验证结果对模型进行调整和优化。

3. 优化工艺参数

- 确定优化目标：以提高加工精度 0.01mm 和减少刀具磨损 20% 为优化目标。
- 优化算法：采用优化算法，如遗传算法、粒子群优化算法等，对切削速度、进给量、切削深度等工艺参数进行优化，寻找最优的参数组合。
- 模拟仿真：在优化过程中，使用模拟仿真技术对加工过程进行模拟，评估不同参数组合下的加工效果，进一步优化工艺参数。

4. 实时调整加工参数

- 实时监测：在加工过程中，通过传感器实时监测机床的振动、温度、声音等信号，以及刀具的磨损程度和加工精度等参数。
- 预测与调整：将实时监测到的数据输入到 AI 模型中，模型根据数据预测刀具磨损和加工精度的变化趋势，当预测结果表明刀具磨损接近 20% 或加工精度下降 0.01mm 时，系统自动调整切削速度、进给量、切削深度等工艺参数，以确保加工质量的稳定性。
- 反馈与优化：将调整后的加工参数和加工结果反馈到 AI 模型中，模型根据反馈信息进一步优化预测和调整策略，不断提高加工过程的稳定性和加工质量。

通过以上方法和步骤，可以利用 AI 对机械零部件加工过程中的工艺参数进行建模和优化，实现加工精度的提高和刀具磨损的减少，并根据 AI 的预测结果实时调整加工参数，确保加工质量的稳定性。

8.4 安全风险预警

DeepSeek 在安全风险预警方面展现了独特的赋能能力，通过智能化技术显著提升了安全风险的发现、分析和响应效率，主要具备以下特点。

1. 智能日志分析

DeepSeek 利用自然语言处理（NLP）技术解析异构日志（如防火墙、IDS、服务器等），建立动态基线模型，识别偏离正常模式的行为。例如，它可以检测异常登录频次提升 300% 的行为，并关联多源日志（如将 VPN 访问记录与服务器登录记录跨系统关联），从而更精准地发现潜在风险。

2. 漏洞智能治理

DeepSeek 结合 CVSS 评分和业务上下文进行加权评估，例如将财务系统漏洞权重提升 50%，并自动生成修复优先级列表。它还能模拟攻击路径，识别潜在的多层渗透链条，帮助安全团队提前部署防御措施。

3. 威胁情报增强

DeepSeek 能够自动解析 STIX/TAXII 格式的情报，处理速度提升 5 倍，并构建本地化的 IoC 知识图谱，关联内部资产库。它还能实时比对网络流量与最新威胁指标，平均检测时延小于 30s，显著提升威胁情报的响应速度。

4. 施工安全风险预判

在建筑工程领域，DeepSeek 通过融合计算机视觉、物联网传感技术和深度学习算法，构建了多维度的风险预警体系。它能够实时监控视频分析（如安全装备检测、危险区域入侵识别）、设备状态监测（如塔吊倾斜预警）、环境参数监控（如扬尘浓度、风速预警）以及人员行为分析（如高空作业规范检测、疲劳状态识别），从而保障施工安全。

5. 钓鱼邮件识别

DeepSeek 通过分析海量邮件数据特征（如发件人伪装、链接跳转模式、语言风格异常），将钓鱼邮件识别准确率提升至 99.2%。例如，它能识别伪装成公司高管的邮件中细微的域名拼写错误（如“g00gle.com”中的数字 0 替换），并实时拦截。

6. 数据分类分级

DeepSeek 通过自然语言处理技术自动解析文档内容，识别敏感信息（如身份证号、财务报表），并按照《中华人民共和国数据安全法》要求进行分级标记。这有助于企业更好地管理内部数据，防止数据泄露。

7. 网络流量异常检测

DeepSeek 结合 LSTM 模型学习企业网络流量的周期性规律，当实际流量偏离预测值 15% 时触发清洗机制，误判率低于 0.1%。这种能力显著提升了

DDoS 攻击的防御效率。

8. 自动化响应与知识管理

DeepSeek 支持自动化响应和 API 驱动联动，例如在检测到勒索软件加密行为后，系统自动隔离受感染主机、阻断外联 IP、恢复备份数据，并生成事件报告。此外，它还支持智能问答引擎，帮助运维人员快速解决问题。

请看下面的实战案例。

◎ 提示词

作为化工生产安全负责人，分析化工生产过程中的各类数据，包括温度、压力、流量、物料成分等，构建安全风险预警模型，能够提前 30min 准确预警可能发生的化学反应失控、泄漏等安全事故。

◎ DeepSeek 回复

作为化工生产安全负责人，构建安全风险预警模型需要从以下几方面入手。

1. 数据收集与整合

- 多维度数据采集：实时采集温度、压力、流量、物料成分等生产过程数据，同时整合设备状态数据、环境数据、历史事故数据等多源信息，构建统一的数据湖。
- 数据预处理：对采集到的数据进行清洗、过滤、归一化等预处理操作，去除噪声和异常值，确保数据的准确性和一致性。

2. 风险特征分析

- 单参数分析：分别分析温度、压力、流量、物料成分等参数的变化趋势和波动范围，确定各参数的正常范围和异常阈值。
- 多参数关联分析：研究不同参数之间的相互关系和协同变化规律，例如温度与压力的关联、物料成分对反应速率的影响等，挖掘潜在的安全风险特征。

3. 模型构建

- 选择合适的算法：可以采用机器学习算法如支持向量机、决策树、随机森林等，以及深度学习算法如 LSTM、GRU 等，构建安全风险预警模型。

- 模型训练与优化：使用历史数据对模型进行训练，通过交叉验证、网格搜索等方法优化模型参数，提高模型的准确性和泛化能力。
- 融合多源数据：将温度、压力、流量、物料成分等多源数据作为模型的输入特征，通过特征工程和特征选择方法，提取关键特征，构建综合的安全风险预警模型。

4. 预警系统设计

- 实时监测与预警：将构建好的预警模型部署到生产监控系统中，对生产过程进行实时监测，当模型预测到安全风险时，及时发出预警信号。
- 预警阈值设定：根据生产过程的实际情况和安全要求，设定合理的预警阈值，当监测数据超过阈值时，触发预警机制。
- 预警信息推送：通过声光报警、短信、邮件等方式，将预警信息及时推送给相关人员，确保能够迅速采取应对措施。

5. 预警验证与优化

- 预警准确性验证：通过与实际发生的事故进行对比，验证预警模型的准确性，统计预警的准确率、召回率等指标。
- 模型优化与更新：根据预警结果和实际生产情况，不断优化模型，更新模型参数和特征，提高预警的准确性和可靠性。

通过以上步骤，可以构建一个能够提前30min准确预警可能发生的化学反应失控、泄漏等安全事故的安全风险预警模型，为化工生产的安全管理提供有力支持。

8.5 可靠性评估与提升

DeepSeek在可靠性评估与提升方面展现了独特的赋能能力，通过智能化技术和多模态数据处理，显著提升了系统的稳定性和可靠性，主要具备以下特点。

1. 网络监控与故障排查

DeepSeek通过机器学习和深度学习算法，自动分析实时网络数据，预测潜在问题，并提供快速解决方案。这不仅减轻了网络工程师的工作负担，还提高了网络的稳定性和可靠性。例如，在某企业案例中，DeepSeek通过分析流量模式，迅速定位到某台交换机负载过高的问题，工程师及时更换设备，避免了业务中断。

2. 优化网络配置与管理

DeepSeek 能够自动备份和恢复网络设备配置，检查配置是否符合安全策略，并提供性能优化建议。这有助于网络工程师更高效地完成配置管理工作。例如，某公司在网络升级后性能下降，DeepSeek 分析发现路由配置不当，工程师根据建议调整后，网络性能显著提升。

3. 工艺可靠性提升

DeepSeek 通过分析生产日志和质检结果，推荐最优工艺参数组合，从而提升生产效率和产品质量。例如，在半导体封测领域，某企业通过优化工艺参数将芯片封装良率从 92.5% 提升至 97.8%，年减少废品损失达 1.2 亿元。

请看下面的实战案例。

◎ 提示词

作为医疗器械制造企业的可靠性工程师，收集和分析医疗器械在实际使用过程中的故障数据、环境数据以及用户反馈信息，建立医疗器械的可靠性评估模型，准确评估产品的可靠性指标，并提出针对性的可靠性提升方案，将产品的平均无故障时间（MTBF）延长 50%。

◎ DeepSeek 回复

以下是作为医疗器械制造企业的可靠性工程师，完成收集和分析数据、建立可靠性评估模型、评估可靠性指标以及提出提升方案的具体步骤和方法：

1. 数据收集

（1）故障数据收集

- ❑ 建立故障报告系统，要求用户或现场技术人员在设备发生故障时及时填写故障报告，记录故障时间、故障现象、故障部件等信息。
- ❑ 与售后服务部门合作，收集维修记录和故障反馈，包括故障原因、维修措施和维修时间等。

（2）环境数据收集

- ❑ 在设备上安装环境监测传感器，实时收集温度、湿度、压力等环境数据。

- 定期进行现场调查，记录设备使用环境的实际情况，如设备安装位置、周围设备运行情况等。

（3）用户反馈收集

- 设立用户反馈渠道，如在线问卷、客服热线等，鼓励用户反馈设备使用过程中的问题和建议。
- 定期与医疗机构、患者等用户进行沟通，了解设备的使用体验和需求。

2. 数据分析

（1）故障数据分析

- 使用故障树分析（FTA）和失效模式与影响分析（FMEA）等方法，对故障数据进行分析，识别主要故障模式和故障原因。
- 通过统计分析方法（如威布尔分析）对故障数据进行拟合，确定故障分布规律，评估产品的可靠性指标。

（2）环境数据分析

- 分析环境数据与故障数据的相关性，确定环境因素对设备可靠性的影响程度。
- 通过环境应力测试，模拟设备在不同环境条件下的运行情况，评估环境因素对设备可靠性的影响。

（3）用户反馈分析

- 对用户反馈信息进行分类整理，识别用户关注的主要问题和需求。
- 通过用户满意度调查，了解用户对设备可靠性的评价和期望，为可靠性提升提供参考。

3. 可靠性评估模型建立

（1）选择可靠性模型

- 根据医疗器械的特点和故障数据的分布规律，选择合适的可靠性模型，如双参数指数分布、威布尔分布、正态分布等。
- 考虑设备的冗余设计和维修策略，选择合适的系统可靠性模型，如串联系统、并联系统等。

（2）模型参数估计

- 使用最大似然估计、最小二乘法等方法对可靠性模型的参数进行估计。
- 结合环境数据和用户反馈信息对模型参数进行修正，提高模型的准确性。

(3)模型验证与优化

- 通过交叉验证、拟合优度检验等方法对可靠性模型进行验证，确保模型的合理性和可靠性。
- 根据模型验证结果对模型进行优化调整，提高模型的预测能力。

4. 可靠性指标评估

(1)计算平均无故障时间(MTBF)

- 根据可靠性模型，计算产品的MTBF，评估产品的可靠性水平。
- 考虑设备的使用环境和维修策略，对MTBF进行修正，得到实际使用条件下的MTBF值。

(2)评估其他可靠性指标

- 计算产品的可靠度、故障率、平均修复时间等可靠性指标，全面评估产品的可靠性性能。
- 结合用户反馈和市场需求，确定产品的可靠性目标，为可靠性提升提供方向。

(3)可靠性指标对比与分析

- 将产品的可靠性指标与行业标准、竞争对手产品进行对比，找出差距。
- 分析可靠性指标的变化趋势，识别可靠性提升的关键因素和潜在问题。

5. 可靠性提升方案

(1)设计优化

- 根据故障数据分析结果对产品的关键部件和薄弱环节进行设计优化，提高产品的抗故障能力。
- 采用冗余设计、容错设计等方法，提高产品的可靠性和安全性。

(2)制造工艺改进

- 加强生产过程的质量控制，提高产品的制造质量，减少制造缺陷对产品可靠性的影响。
- 优化生产工艺，采用先进的制造技术和设备，提高产品的可靠性和一致性。

(3)测试与验证

- 加强产品的可靠性测试和验证，包括环境应力测试、加速寿命试验等，确保产品在各种使用条件下的可靠性。
- 建立可靠性测试实验室，配备先进的测试设备和仪器，提高可靠性测试的能力和水平。

（4）维护与管理

- 制订合理的维护计划和策略，定期对设备进行维护和保养，延长设备的使用寿命。
- 建立故障预警系统，实时监测设备的运行状态，及时发现和处理潜在故障，减少故障对设备可靠性的影响。

6. MTBF 延长 50% 的目标实现

（1）目标分解

- 将 MTBF 延长 50% 的目标分解到产品的各个部件和子系统，明确每个部分的可靠性提升目标。
- 结合产品的设计、制造、测试等环节，制订具体的可靠性提升措施和计划。

（2）措施实施

- 按照可靠性提升方案逐步实施设计优化、制造工艺改进、测试与验证等措施，确保可靠性提升目标的实现。
- 加强与供应商的合作，确保原材料和零部件的质量，提高产品的可靠性和稳定性。

（3）效果评估

- 定期收集和分析产品的故障数据、环境数据和用户反馈信息，评估可靠性提升措施的效果。
- 根据效果评估结果及时调整和优化可靠性提升方案，确保 MTBF 延长 50% 的目标顺利实现。

通过以上步骤和方法，可以有效地收集和分析医疗器械在实际使用过程中的故障数据、环境数据和用户反馈信息，建立可靠的可靠性评估模型，准确评估产品的可靠性指标，并提出针对性的可靠性提升方案，最终实现产品的 MTBF 延长 50% 的目标。

8.6 质量检测优化

DeepSeek 在质量检测优化方面展现了独特的赋能能力，通过智能化技术和多模态数据处理，显著提升了质量检测的效率和准确性，主要具备以下特点。

1. 智能视觉缺陷检测

DeepSeek 通过高速工业相机和 AI 模型，能够自动识别产品外观缺陷，如划痕、漏焊、印刷偏移等。其视觉识别能力可达到 99.9% 的缺陷检测准确率，显著提升了检测效率和产品质量。例如，某手机屏幕厂商部署后，漏检率从人工质检的 3% 降至 0.05%，检测速度提升 5 倍。

2. 声学质检

DeepSeek 通过麦克风采集设备运行声音，判断隐性故障。例如，某家电企业空调产线通过声纹分析，压缩机故障检出率提升了 40%，售后投诉下降了 25%。

3. 质量追溯与数据分析

DeepSeek 能够对生产过程中的每一个环节进行数据记录和分析，实现产品质量的全程追溯。例如，某食品加工企业利用 DeepSeek 的质量追溯系统，可以追踪每一批次产品的原料来源、生产环境、加工工艺以及运输条件等信息，确保消费者能够获得安全、可靠的产品。

4. 多模态技术应用

DeepSeek 的多模态技术能够处理多种数据类型，如图像、声音、文本等，为质量检测提供更全面的支持。例如，在 3D 打印中，DeepSeek 能够自动检测打印件的缺陷，并通过调整设计参数优化打印质量。

请看下面的实战案例。

◎ 提示词

作为一个经验丰富的汽车制造质量检测专家，分析过去一年生产线上的汽车零部件质量检测数据，找出其中存在缺陷的零部件类型、缺陷出现的频率以及可能的原因，并提出针对性的改进方案，以将次品率降低至少 30%。

◎ DeepSeek 回复

以下是利用 AI 分析汽车零部件质量检测数据并提出改进方案的详细步骤。

1. 数据分析

❑ 缺陷零部件类型识别：通过 AI 算法对过去一年的检测数据进行分类分

析，可发现存在缺陷的零部件类型主要集中在车身外观件、发动机零部件、底盘部件等。例如，车身外观件中可能存在涂装不均匀、划痕、凹陷等问题；发动机零部件可能存在气缸盖的砂眼、裂纹，曲轴的磨损等缺陷；底盘部件如悬挂系统的摆臂、拉杆等可能存在变形、裂纹等情况。

- 缺陷出现频率统计：利用数据挖掘技术对各类缺陷零部件的出现次数进行统计和排序，确定缺陷出现频率较高的零部件类型。假设在过去一年的检测数据中，车身外观件的缺陷出现频率最高，占总缺陷数的40%；其次是发动机零部件，占30%；底盘部件占20%；其他零部件占10%。
- 可能原因分析：借助AI的关联规则挖掘和聚类分析等方法，结合生产工艺参数、原材料信息、设备运行数据等，分析缺陷产生的可能原因。例如，车身外观件的涂装不均匀可能是喷漆设备的喷嘴堵塞或喷涂压力不稳定导致的；划痕和凹陷可能是生产过程中的搬运、装配环节操作不当造成的。发动机零部件的砂眼、裂纹可能是原材料质量不合格或铸造工艺参数不合理导致的；曲轴磨损可能是润滑系统故障或加工精度不够引起的；底盘部件的变形、裂纹可能是冲压设备的压力控制不准确或热处理工艺不完善导致的。

2. 改进方案

（1）针对缺陷零部件类型

- 车身外观件：优化喷漆设备，定期清理喷嘴，确保喷涂压力稳定；加强生产过程中的防护措施，如使用更柔软的搬运工具和装配工装，避免对车身表面造成划痕和凹陷；对原材料进行更严格的检验，确保其表面质量符合要求。
- 发动机零部件：加强对原材料供应商的管理，严格把控原材料的质量；优化铸造工艺参数，如调整铸造温度、浇注速度等；定期检查和维护润滑系统，确保其正常运行；提高加工设备的精度和稳定性，减少因加工精度不够导致的曲轴磨损等问题。
- 底盘部件：对冲压设备进行校准和维护，确保压力控制准确；改进热处理工艺，如调整加热温度、保温时间等参数；加强生产过程中的质量监控，及时发现和处理变形、裂纹等缺陷。

（2）降低次品率总体措施

- 加强员工培训：提高员工的质量意识和操作技能，使其在生产过程中更加注重细节，避免因操作不当导致的零部件缺陷。
- 优化生产工艺：根据AI分析结果，对生产工艺进行优化和改进，如调整生产参数、改进工艺流程等，以提高零部件的质量稳定性。
- 强化设备维护：建立完善的设备维护制度，定期对生产设备进行检查、维护和保养，确保设备处于良好的运行状态，减少因设备故障导致的零部件质量问题。
- 引入先进的检测技术：除了利用AI图像识别技术进行外观瑕疵检测外，还可引入其他先进的检测技术，如无损检测技术、智能传感器技术等，对零部件进行全面、准确的质量检测，及时发现和筛选出缺陷零部件。

（3）AI图像识别技术在外观瑕疵检测环节的精准应用

- 优化图像采集设备和条件：选择高分辨率、高灵敏度的工业相机，确保能够清晰地捕捉零部件表面的细微瑕疵。同时，合理设计照明系统，采用合适的光源类型、光照角度和强度，以突出瑕疵特征，减少反光、阴影等对检测结果的影响。
- 改进图像预处理算法：对采集到的图像进行预处理，如去噪、增强、灰度化等操作，以提高图像质量，使瑕疵特征更加突出，便于后续的AI识别。可以采用更先进的滤波算法和图像增强技术，如基于深度学习的图像增强算法，根据瑕疵特征自适应地调整图像增强参数，提高图像的对比度和清晰度。
- 构建多模型融合的识别算法：结合纹理分析模型、形状分析模型、色彩分析模型和亮度分析模型等多种模型，从不同角度对零部件表面瑕疵进行分析和判断，提高识别的准确率。例如，对于车身外观件的涂装瑕疵，可通过纹理分析模型检测涂装的均匀性，通过色彩分析模型识别颜色差异，通过亮度分析模型判断是否存在局部过亮或过暗的区域，综合多个模型的分析结果，更准确地确定瑕疵的存在和类型。
- 增加训练数据的多样性和质量：收集大量不同类型的零部件外观瑕疵图像，包括不同形状、大小、位置和严重程度的瑕疵图像，作为训练数据，以提高AI模型的泛化能力。同时，对训练数据进行准确的标注，确保数据质量，以便AI模型能够更好地学习瑕疵特征。

- 采用深度学习算法和模型优化技术：利用深度学习中的卷积神经网络（CNN）、循环神经网络（RNN）等先进算法，对零部件外观瑕疵进行识别和分类。同时，通过模型优化技术，如模型压缩、模型剪枝、模型量化等，提高模型的运行效率和检测速度，满足生产线上的实时检测需求。

|第 9 章| CHAPTER

使用 DeepSeek 高效处理出版业务

9.1 合作洽谈

DeepSeek 在作者的合作洽谈方面展现了独特的赋能能力，它通过高效的语言处理和智能交互功能，支持作者与合作方进行更便捷、更高效的沟通与合作，主要具备以下特点。

1. 语言翻译与跨文化合作

DeepSeek 支持多语言文本转换，能够将内容翻译成多种语言。这对于跨国合作洽谈尤为重要，因为它不但可以帮助作者与不同语言背景的合作伙伴进行无障碍沟通，还可以促进国际合作。

2. 智能问答与实时互动

DeepSeek 的问答系统能够提供即时的用户查询回答。在合作洽谈中，作者可以通过与 DeepSeek 的对话式交互，快速获取关于合作条款、市场趋势、版权问题等方面的信息，从而提升沟通效率。

3. 个性化合作机会匹配

DeepSeek 可以根据作者的创作风格和合作需求，推荐适合的合作伙伴或合作机会。例如，通过分析作者的作品风格和市场数据，DeepSeek可以推荐潜在的出版商、编辑或合作伙伴，帮助作者找到最合适的合作对象。

4. 智能文档生成与管理

DeepSeek能够自动生成高质量的文档，如合作提案、合同草案等。这不仅可以节省作者的时间，还能确保文档的专业性和准确性。此外，DeepSeek还可以帮助作者管理合作文档，提供版本控制和内容审核功能。

5. 数据分析与市场洞察

DeepSeek可以分析市场数据和读者反馈，为作者提供关于作品市场潜力的洞察。例如，通过分析社交媒体数据和读者评论，DeepSeek能够帮助作者了解市场趋势和读者需求，从而更好地调整合作策略。

6. 智能客服与合作洽谈支持

在合作洽谈中，DeepSeek可以作为智能客服，实时解答合作方的问题，提供24×7小时的在线支持。这个功能不仅能提升合作洽谈的效率，还能帮助作者更好地管理合作关系。

7. 多模态内容生成与展示

DeepSeek支持多模态内容生成，能够结合文本、图像、视频等多种形式，为作者提供更丰富的作品展示方式。例如，作者可以利用DeepSeek生成的视频或图像，更好地展示其作品的特点和优势。

请看下面的实战案例。

◎ 提示词

作为作者，你要与知名出版社洽谈合作，出版你的新作《城市故事集》，这是一部以现代城市生活为背景的短篇小说集。洽谈出版合同的具体条款，包括基本条款（如预付款金额、版税计算方式、出版周期、图书定价、作者的宣传配合义务等）、作品的编辑和修改意见沟通机制、双方在版权衍生开发（如影视改编、有声书制作等）方面的权益分配和合作模式等。你要制定详细的洽谈提纲，明确每个环节的沟通要点和目标，以确保与出版方达成互利共赢的合作协议，同时充分尊重出版方的诉求与出版规范。

◎ DeepSeek 回复

以下是为与出版社洽谈《城市故事集》出版合作制定的详细提纲，分为核心条款框架、谈判策略及风险预案三个层级，以及实施路线图，以确保系统性推进谈判。

1. 核心条款框架

（1）经济条款体系

1）预付款结构设计

- 阶梯式预付款方案：首印量达 5 万册支付基础预付款（建议不低于行业平均的 8 万元），每增加 1 万册预付款递增 15%。
- 电子书单独核算：电子书首年销量超过 2 万册触发额外奖金条款（建议为电子书销售额的 3%）。

2）版税模型

- 纸书版税：首 5 万册 8%，5 万～10 万册 10%，10 万册以上 12%（以建议零售价计算）。
- 电子书版税：净收益的 25%（需明确平台分成比例在合同附件体现）。
- 滞销库存处理：库存量低于首印量 20% 时版税计算基数调整为实际销售价。

（2）创作控制权保留

1）内容修改权限矩阵

- 结构性修改：需作者书面同意（定义结构修改标准）。
- 语言润色：出版社享有不超过 5% 文本量的修辞优化权。
- 敏感内容处理：建立三方（作者、编辑、法律顾问）联合审查机制。

2）装帧设计否决权

- 封面设计方案需经作者终审，提供 3 次修改提案机会。
- 内页版式设计保留关键元素否决权（如章节分隔设计）。

（3）衍生开发权益配置

1）影视改编权管理

- 优先谈判权：出版社需在收到改编意向 72 小时内通知作者。
- 收益分配：首笔授权费的 60% 归作者，后续收益分成调整为 55%。
- 创作参与：合约中明确作者享有剧本顾问的优先聘用权。

2）数字产品开发

- 有声书：作者保留配音团队提名权，收益按净收入四六分成。
- AI衍生内容：严格限定训练数据使用范围，设置3年授权期限。

（4）履约保障机制

1）进度监控条款

- 建立季度销售数据披露制度（含渠道分布数据）。
- 设置发行6个月后的市场推广激活条款（销量未达预期50%时启动）。

2）违约救济方案

- 延迟出版超90天可要求版权回转。
- 连续两个结算周期账目不清可委托第三方审计。

2. 谈判策略

（1）价值交换策略

- 用电子书独家授权换取纸书更高版税点。
- 以配合宣传力度换取首印量提升保证。
- 用续集优先出版权交换当前作品的衍生开发灵活性。

（2）数据支撑方案

- 准备同类作品市场分析报告（建议引用开卷数据）。
- 制作自媒体平台粉丝画像报告（证明潜在读者基础）。
- 提供往期作品销售曲线模型（若有）。

（3）关系建立技巧

- 提前研究出版社近期成功案例并针对性赞赏。
- 准备两三个符合出版社品牌调性的营销创意。
- 设计双赢的公益合作条款（如每售出1本捐赠1元给城市图书馆）。

3. 风险预案

（1）隐性条款扫描清单

- 检查“全媒体出版”的涵盖范围是否包含未来新技术形态。
- 确认“绝版”的法定标准及版权回转条件。
- 核查转授权条款中的分许可限制。

（2）弹性条款设计

- 设置印量阶梯的年度通胀调整系数。

- ❑ 约定新技术形态的收益分成谈判触发机制。
- ❑ 加入不可抗力下的数字优先出版条款。

（3）退出机制规划

- ❑ 设置 3 年期的业绩对赌条款（未达约定销量 50% 可解约）。
- ❑ 保留非独家海外版权自主开发权。
- ❑ 约定合同终止后的剩余库存处理方案。

4. 实施路线图

1）前期预热（1～2 周）：通过行业渠道了解该社近期合同惯例。

2）技术谈判（3～5 轮）：按“经济条款—创作权—衍生开发”的顺序推进。

3）法律校准（关键 72 小时）：在达成意向后立即启动条款法务审查。

4）关系维护（持续）：建立编辑、营销、法务三条线的定期沟通机制。

建议准备三套弹性方案：理想目标（争取条款）、可接受方案（底线条款）、交换筹码（可让步条款）。每次会谈后形成书面纪要，特别标注存在分歧的条款项，为后续谈判建立坐标参照系。

最终协议应包含主合同文本、补充协议（针对新媒体条款）、附属备忘录（记录口头承诺事项）。考虑设置 2 年期的条款复议机制，应对出版市场快速变化。

9.2 选题策划

DeepSeek 在选题策划方面展现了独特的赋能能力，可以为内容创作者提供高效、智能的支持，主要具备以下特点。

1. 智能选题生成

DeepSeek 能够快速结合热点话题和用户需求，生成具有吸引力的选题。例如，通过分析政策文件、学术文献和市场趋势，DeepSeek 可以为创作者提供创新性强、时效性高的选题方向。

2. 热点动态监测

DeepSeek 通过政策语义分析模型，实时抓取权威机构的政策文件，识别交叉领域的热点议题。例如，在“数字经济—绿色转型—治理现代化”等交叉领域，DeepSeek 能够筛选出高权重的研究方向。

3. 机会发现与趋势预测

DeepSeek 部署了矛盾识别系统，通过对比文献与实践案例库，构建“理论假设－现实数据”差异矩阵，能够识别研究空白点，发现选题机会。同时，基于 LSTM 模型，它还能预测未来可能出现的研究空白或热点方向。

4. 跨领域选题策划

DeepSeek 能够突破传统检索局限，自动识别跨领域知识关联，助力创新性研究方向的发现。例如，它可以通过分析不同学科的文献，生成跨学科的选题建议。

5. 选题质量评估

DeepSeek 不仅能生成选题，还能对选题的价值进行评估，包括时效性、实用性、理论深度等。例如，它为论文选题生成的报告包含可行性评估、创新指数和参考文献图谱等关键维度。

请看下面的实战案例。

◎ 提示词

基于当前市场趋势和读者需求，为一家专注于历史类图书的出版社策划一个全新的选题系列，要求涵盖从古代到现代的重要历史时期，每个时期确定 3 ～ 5 个具体选题方向，详细阐述选题的创新性、目标受众、预期市场反响以及与同类竞品的差异化优势，同时提供一份初步的作者合作意向名单和出版时间规划表。

◎ DeepSeek 回复

选题系列名称：“历史长河：从古代到现代的文明探索”

1. 古代历史时期（公元前 21 世纪～公元前 221 年）

（1）文明起源与早期王朝

- ❑ 创新性：根据考古发现和最新研究成果，重新解读夏、商、周的历史，揭示中华文明的起源和发展。
- ❑ 目标受众：历史爱好者、考古学相关专业学生、文化研究者。

- 预期市场反响：预计会引起对中华文明起源的广泛关注，填补市场上的空白。
- 竞品差异化优势：结合最新考古成果，提供更全面和深入的解读。
- 作者合作意向名单：中国社会科学院考古研究所专家、知名考古学家。
- 出版时间规划：2025 年第三季度。

（2）春秋战国的百家争鸣

- 创新性：深入探讨春秋战国时期的思想文化，分析当时百家争鸣的现象对后世的影响。
- 目标受众：哲学爱好者、文化研究者、学生。
- 预期市场反响：预计会成为学术界和大众市场的热门话题。
- 竞品差异化优势：提供多角度的分析，如结合现代视角解读古代思想。
- 作者合作意向名单：知名历史学者、哲学家。
- 出版时间规划：2025 年第四季度。

（3）古代社会与经济

- 创新性：研究古代社会结构和经济活动，揭示古代经济对现代社会的影响。
- 目标受众：经济史研究者、社会学相关专业学生、历史爱好者。
- 预期市场反响：预计会吸引学术界和大众市场的关注。
- 竞品差异化优势：结合经济理论，为读者提供新的研究视角。
- 作者合作意向名单：经济史专家、社会学家。
- 出版时间规划：2026 年第一季度。

2. 中古历史时期（公元前 221 年～公元 960 年）

（1）秦汉帝国的兴衰

- 创新性：全面分析秦汉时期的政治、经济和文化，探讨其对后世的影响。
- 目标受众：历史爱好者、政治学相关专业学生、文化研究者。
- 预期市场反响：预计会成为历史类图书的畅销书。
- 竞品差异化优势：提供全面而深入的分析，结合现代视角。
- 作者合作意向名单：知名历史学者、政治学家。
- 出版时间规划：2026 年第二季度。

（2）三国两晋南北朝的分裂与统一

- 创新性：探讨三国两晋南北朝时期的政治动荡和文化发展，分析其对后世的影响。
- 目标受众：历史爱好者、政治学相关专业学生、文化研究者。
- 预期市场反响：预计会吸引大量读者，尤其是对三国时期的历史感兴趣的读者。
- 竞品差异化优势：提供多角度的分析，如结合现代视角解读古代历史。
- 作者合作意向名单：知名历史学者、政治学家。
- 出版时间规划：2026年第三季度。

（3）隋唐盛世的文化与经济

- 创新性：深入研究隋唐时期的文化繁荣和经济发展，探讨其对后世的影响。
- 目标受众：历史爱好者、文化研究者、经济史研究者。
- 预期市场反响：预计会成为学术界和大众市场的热门话题。
- 竞品差异化优势：结合现代视角，提供全面而深入的分析。
- 作者合作意向名单：知名历史学者、文化学家。
- 出版时间规划：2026年第四季度。

3. 近代历史时期（公元960年～公元1912年）

（1）宋元明清的科技与文化

- 创新性：研究宋元明清时期的科技发展和文化繁荣，探讨其对后世的影响。
- 目标受众：历史爱好者、科技史研究者、文化研究者。
- 预期市场反响：预计会吸引学术界和大众市场的关注。
- 竞品差异化优势：结合现代视角，提供全面而深入的分析。
- 作者合作意向名单：知名历史学者、科技史专家。
- 出版时间规划：2027年第一季度。

（2）明清时期的对外交流与影响

- 创新性：探讨明清时期的对外交流和影响，分析其对世界历史的影响。
- 目标受众：历史爱好者、国际关系研究者、文化研究者。
- 预期市场反响：预计会成为学术界和大众市场的热门话题。
- 竞品差异化优势：提供多角度的分析，如结合现代视角解读古代历史。
- 作者合作意向名单：知名历史学者、国际关系专家。
- 出版时间规划：2027年第二季度。

（3）近代社会的变革与转型

- 创新性：研究近代社会的变革和转型，探讨其对现代社会的影响。
- 目标受众：历史爱好者、社会学相关专业学生、文化研究者。
- 预期市场反响：预计会吸引学术界和大众市场的关注。
- 竞品差异化优势：结合现代视角，提供全面而深入的分析。
- 作者合作意向名单：知名历史学者、社会学家。
- 出版时间规划：2027 年第三季度。

4. 现代历史时期（公元 1912 年～现代）

（1）民国时期的社会与文化

- 创新性：深入研究民国时期的社会变迁和文化发展，探讨其对现代社会的影响。
- 目标受众：历史爱好者、社会学相关专业学生、文化研究者。
- 预期市场反响：预计会成为学术界和大众市场的热门话题。
- 竞品差异化优势：结合现代视角，提供全面而深入的分析。
- 作者合作意向名单：知名历史学者、社会学家。
- 出版时间规划：2027 年第四季度。

（2）中华人民共和国的成立与发展

- 创新性：全面分析中华人民共和国的成立和发展，探讨其对世界历史的影响。
- 目标受众：历史爱好者、政治学相关专业学生、国际关系研究者。
- 预期市场反响：预计会成为学术界和大众市场的热门话题。
- 竞品差异化优势：结合现代视角，提供全面而深入的分析。
- 作者合作意向名单：知名历史学者、政治学家。
- 出版时间规划：2028 年第一季度。

（3）全球化背景下的中国与世界

- 创新性：探讨全球化背景下的中国与世界的关系，分析它对现代社会的影响。
- 目标受众：历史爱好者、国际关系研究者、文化研究者。
- 预期市场反响：预计会成为学术界和大众市场的热门话题。
- 竞品差异化优势：提供多角度的分析，结合现代视角解读当代历史。

- 作者合作意向名单：知名历史学者、国际关系专家。
- 出版时间规划：2028 年第二季度。

5. 总结

“历史长河：从古代到现代的文明探索”系列图书通过创新的选题方向、明确的目标受众、预期的市场反响以及与同类竞品的差异化优势，旨在为读者提供全面而深入的历史知识，满足不同读者的需求。通过与知名学者和专家的合作，确保内容的权威性和专业性，同时通过合理的出版时间规划，确保系列图书的连续性和市场影响力。

9.3 校对优化

DeepSeek 在校对优化方面展现了独特的赋能能力，它通过智能化技术和多模态数据处理功能，可以显著提升校对效率和准确性，主要具备以下特点。

1. 智能校对

通过智能校对功能，DeepSeek 能够快速识别文本中的语法错误、拼写错误、标点符号错误等，并提供修改建议。例如，在 WPS 中集成 DeepSeek 后，用户可以通过选中需要处理的文本，单击“生成”按钮，让 DeepSeek 自动完成校对。

2. 文案润色与优化

DeepSeek 不仅可以校对文本，还能对文案进行润色和优化，从而提升语言表达的流畅性和专业性。例如，用户可以利用 DeepSeek 对文章、报告或邮件进行润色，使其更符合专业标准。

3. 多语言校对支持

DeepSeek 支持多语言文本的校对和优化，帮助用户在跨语言写作和翻译中快速发现并修正错误。这个功能特别适用于需要多语言内容校对的场景。

4. 深度推理与内容优化

DeepSeek 通过深度推理技术，能够对文本内容进行逻辑优化和结构调整。例如，它可以帮助用户优化文章的结构，确保内容的连贯性和逻辑性。

5. 实时反馈与交互

DeepSeek 支持实时交互，用户可以通过对话的形式与系统沟通，获取即时的校对建议和优化方案。这种交互式校对方式不仅能提高效率，还能帮助用户更好地理解文本中的问题。

请看下面的实战案例。

◎ 提示词

对一本已经完成初稿的文学作品进行校对优化，书名是《时光里的秘密》，作者是一位新锐作家。重点检查文本中的语法错误、用词不当、标点符号使用不规范等问题。同时从文学作品的风格和节奏角度，提出对句子结构、段落衔接、情节连贯性的优化建议，确保作品语言优美流畅、富有感染力，符合出版社对文学作品的质量要求。输出一份详细的校对报告，标注出修改的地方并给出修改理由。

◎ DeepSeek 回复

以下是一份针对《时光里的秘密》的校对报告示例，由于你未提供具体的文本内容，我只能为你生成一个大致框架和示例性说明，你可以根据实际作品内容进一步完善和补充。

1. 总体评价

《时光里的秘密》作为一部新锐作家的文学作品，初稿展现出了一定的文学功底和独特的叙事视角，情节设置有吸引力，人物形象有一定塑造基础，但文本在语法、用词、标点符号以及文学风格和节奏等方面仍有优化空间，需要对其进行完善和补充，以使其更贴合高品质文学作品的要求。

2. 语法错误

（1）错误示例 1

- 原文：他走的很匆忙，连句再见都没来得及说。
- 修改：他走得非常匆忙，连句再见都没来得及说。
- 修改理由："走"后面应该用"得"来连接补语，表示行走的状态，"的"使用错误。

（2）错误示例 2

- 原文：如果明天下雨，我们就不会去公园了，是不是？

- 修改：如果明天下雨，我们就不会去公园了，对吧？
- 修改理由："是不是"在此处用于询问对方意见的语境稍显口语化且不够自然，"对吧"更符合日常口语表达习惯，使语气更自然流畅。

3. 用词不当

（1）错误示例 1

- 原文：那朵花的颜色十分鲜艳，让人看了目不暇接。
- 修改：那朵花的颜色十分鲜艳，让人看了赏心悦目。
- 修改理由："目不暇接"意思是因为东西多，眼睛看不过来，此处用于形容一朵花的颜色不合适，"赏心悦目"更能准确表达看到鲜艳花朵后的愉悦感受，用词更恰当。

（2）错误示例 2

- 原文：他对于这个问题的见解十分独特，让人耳目一新。
- 修改：他对这个问题的见解十分独到，让人耳目一新。
- 修改理由："对于"在此处与"他"搭配稍显生硬，"对"更符合语言习惯，且"独到"比"独特"更能强调见解的深刻和精妙之处。

4. 标点符号使用不规范

（1）错误示例 1

- 原文："你去、还是我去？"他问道。
- 修改："你去，还是我去？"他问道。
- 修改理由：选择问句中间一般用逗号而不是顿号来区分不同的选择项，以使句子表意更清晰。

（2）错误示例 2

- 原文：她喜欢阅读小说、散文、诗歌、等各种类型的书籍。
- 修改：她喜欢阅读小说、散文、诗歌等各种类型的书籍。
- 修改理由："等"字已经表示了列举未尽的意思，前面的顿号多余，去掉后句子结构更紧凑合理，表意更连贯。

5. 句子结构优化建议

（1）示例 1

- 原文：在那个下雨的夜晚，他独自一人走在寂静的街道上，心里想着很多的事情，不知道未来的路该怎么走。

- 修改：那个下雨的夜晚，他独自走在寂静的街道上，心里思绪万千，不知未来的路该如何走。
- 修改理由：原句较为冗长，通过删减重复词语（如“一人”可省略，因“独自”已含此意）、简化表达（“心里想着很多的事情”改为“心里思绪万千”，“不知道未来的路该怎么走”改为“不知未来的路该如何走”），使句子更加简洁精炼，同时增强了节奏感，更符合文学作品对语言的优美流畅性要求。

（2）示例2

- 原文：她看着窗外的风景，那是一片绿油油的田野，田野里有许多的庄稼，庄稼在微风中轻轻摇曳着，发出沙沙的声音，这声音让她想起了童年时光。
- 修改：她望着窗外，绿油油的田野映入眼帘，田野里庄稼随微风轻轻摇曳，沙沙作响，这声音勾起了她的童年回忆。
- 修改理由：原句存在重复表述（如多次提及“田野”“庄稼”），通过适当合并信息、调整语序，使句子更加紧凑，避免啰唆，同时“勾起了她的童年回忆”比“这声音让她想起了童年时光”更简洁有力，提升了语言的表现力。

6. 段落衔接优化建议

（1）示例1

- 原文段落1：他们初次相遇是在一个阳光明媚的午后，图书馆的角落里，她正专注地翻阅着一本旧书，他不小心碰掉了她旁边的书，两人就此搭上了话。
- 原文段落2：从那以后，他们便开始了频繁的联系，经常一起讨论书籍、分享生活中的趣事，感情逐渐升温。
- 优化建议：在段落1和段落2之间添加过渡句，如“这次邂逅，仿佛是命运的安排，悄然开启了他们之间的一段奇妙缘分。”使两个段落之间的衔接更加自然流畅，避免情节转换过于生硬，让读者能更好地跟上故事发展的节奏。

（2）示例2

- 原文段落1：多年后，他再次回到这个熟悉的城市，一切都发生了巨大的变化，高楼大厦拔地而起，曾经的街道变得陌生。

- 原文段落2：他漫步在街头，寻找着过去的痕迹，心中涌起一股莫名的惆怅。
- 优化建议：在段落1和段落2之间补充一些描述他回到城市后的内心感受或动作细节，如“面对这翻天覆地的变化，他心中五味杂陈，脚步不自觉地放慢，眼神中透着迷茫与怀念”。这样能更好地承接上文的变化场景，引出下文他漫步街头寻找过去痕迹的情节，增强段落之间的连贯性和情节的感染力。

7. 情节连贯性优化建议

（1）示例1

- 原文情节：主角在经历了一次重大挫折后，突然决定放弃原本的事业，去远方旅行，之后故事直接跳转到他在旅行中的新生活，但对于他做出这个决定的具体心理转变过程描述较少，显得有些突兀。
- 优化建议：在主角经历挫折后，增加一些内心独白或与身边人的对话情节，展现他从沮丧、迷茫到逐渐萌生出想要逃离现状、重新寻找生活意义的心理变化过程，使他放弃事业去旅行的决定更加合理可信，情节发展更具连贯性，让读者更容易理解主角的行为动机，增强故事的说服力和感染力。

（2）示例2

- 原文情节：故事中提到主角有一个重要的朋友，在前半部分两人关系亲密，共同经历了一些事情，但后面情节中突然没有了关于这个朋友的任何交代，直到结尾部分才又出现，给人一种情节断裂的感觉。
- 优化建议：在故事中间部分，适当穿插一些关于主角与这位朋友的互动或消息，哪怕只是简单的提及，如通过主角的回忆、与其他人的谈话中说到朋友的近况等方式，保持这个角色在故事中的存在感和情节的连贯性，让读者不会对这个朋友的突然消失和再次出现感到困惑，使整个故事的情节脉络更加清晰和完整。

8. 总结

通过对《时光里的秘密》的初稿在语法、用词、标点符号、句子结构、段落衔接以及情节连贯性等方面进行校对和优化，可以有效提升作品的语言品质和文学感染力，使其更符合出版社对文学作品的高标准要求。希望以上校对报告对你完善这部作品有所帮助，你可根据实际内容进一步对照修改。若还有其他问题，欢迎随时向我提问。

9.4　营销推广

DeepSeek 在营销推广方面展现了独特的赋能能力，它通过智能化技术和数据分析，可以显著提升营销效率、营销精准度和用户体验，主要具备以下特点。

1. 精准用户画像与个性化推荐

DeepSeek 能够通过深度学习和数据分析技术，快速构建精准的用户画像。它可以结合用户的浏览历史、搜索记录和购买行为，生成个性化的推荐内容。例如，某电商平台利用 DeepSeek 技术将市场调研时间缩短了 40%，并将精准营销的转化率提升了 30%。

2. 智能营销内容创作

DeepSeek 支持高效生成高质量的营销内容，包括文案、广告标题、社交媒体帖子等。它能够根据用户需求快速生成具有吸引力的文案，并通过语义优化提升广告的点击率（CTR）。例如，DeepSeek 可以在 10s 内生成高质量的文案，帮助营销人员减少 80% 的人工工作。

3. 智能广告投放

DeepSeek 能够通过 AI 技术优化广告投放策略，提升广告的精准度和转化率。它能够分析关键词、预测用户点击率，并结合 A/B 测试优化广告效果。例如，某企业通过 DeepSeek 优化广告投放策略，广告转化率提升了 30%，同时降低了营销成本。

4. 场景化营销

DeepSeek 能够根据用户的实时场景（如通勤、购物、休闲）提供不同的推荐内容。例如，通勤时推荐短视频，晚上推荐深度阅读内容。这种场景感知推荐能够显著提升用户体验。

5. 全渠道整合与一致性

DeepSeek 支持跨渠道数据打通，整合用户在网站、App、社交媒体等不同渠道的行为数据，提供一致的个性化体验。它还通过邮件、短信、推送通知等多种渠道触达用户，确保推荐内容覆盖用户的所有触点。

6. 智能社交媒体运营

DeepSeek 能够分析社交媒体趋势，自动生成日常运营内容，并自动回复用户评论，从而提高互动率。它还支持短视频脚本生成，提升内容创作效率。

7. 千人千面营销策略

DeepSeek 通过用户反馈机制和实时数据调整推荐策略，千人千面，确保推荐内容的高质量和多样化。它还支持故事化推荐，以增强用户的情感共鸣。

请看下面的实战案例。

◎ 提示词

制订新出版的心理学专业图书《心灵密码：探索人类行为的奥秘》的营销推广方案，目标是在出版后的 3 个月内实现销量突破 5000 册。方案要涵盖线上、线下的多种推广渠道，如社交媒体营销（确定目标平台、发布内容类型、互动策略等）、线下书店活动（签售会、讲座、读书分享会等的策划和执行细节）、与心理学专业机构和媒体的合作推广方式（如联合举办研讨会、发布专业书评等），以及针对不同受众群体（心理学专业人士、普通读者、学生等）的精准营销策略，同时制订详细的预算分配计划和效果评估指标。

◎ DeepSeek 回复

以下是一份关于《心灵密码：探索人类行为的奥秘》的营销推广方案。

1. 线上推广

（1）社交媒体营销

- 目标平台：微博、微信公众号、抖音、bilibili、小红书。

（2）发布内容类型

- 微博：发布心理学知识科普内容、图书亮点介绍、作者访谈、读者互动话题等，配上吸引人的图片或短视频。例如，可以发布“你知道吗？这些行为背后隐藏着这样的心理奥秘”，并附上书中相关内容的截图。

- ❑ 微信公众号：推送深度书评、心理学专业文章、作者创作心得、读书感悟等。如“《心灵密码》深度解读：探索人类行为的神秘密码”，文章中穿插书中的精彩片段和专业观点。
- ❑ 抖音：制作短视频，如心理学实验演示、书中案例解读、作者讲解心理学知识的视频片段等。例如，通过一个有趣的心理学实验视频，引出书中对相关行为的解释。
- ❑ bilibili：发布心理学知识讲解视频、图书推荐视频、作者访谈视频等。可以制作一系列“心理学小课堂”视频，结合书中的内容，以生动有趣的方式讲解心理学知识。
- ❑ 小红书：分享心理学知识笔记、图书推荐、读书心得等。如“强烈推荐这本心理学图书！《心灵密码》带你探索人类行为的奥秘”，配上精美的图书照片和手写笔记。

（3）互动策略

- ❑ 话题互动：在微博、抖音等平台发起与心理学相关的话题讨论，如“心灵密码”“心理学揭秘”等，鼓励读者参与讨论，分享自己的观点和经历。对于积极参与的读者，可以赠送图书或小礼品。
- ❑ 问答活动：在微信公众号、小红书等平台开展问答活动，解答读者关于心理学和图书的疑问。例如，每周选取几个读者提问较多的问题进行详细解答，并在文章中提及提问的读者。
- ❑ 粉丝福利：定期举办粉丝福利活动，如抽奖、赠书、优惠券发放等。例如，在微博上举办“转发＋关注抽奖”活动，抽取幸运粉丝赠送图书或心理学相关的小礼品。

（4）线上读书会

组织线上读书会，邀请心理学专业人士、读者和学生参加。通过视频会议软件或直播平台，进行读书分享和讨论。可以提前在社交媒体平台和相关论坛发布读书会信息，吸引感兴趣的读者报名参加。在举办读书会的过程中，可以设置互动环节，让参与者分享自己的读书心得和体会。

（5）专业平台推广

在心理学专业论坛、学术网站等平台发布图书信息和专业文章。例如，在心理学论坛上发布“《心灵密码》：一部值得心理学专业人士阅读的图书”，介绍图书的专业性和独特之处。同时，可以与心理学专业网站合作，进行图书推荐和广告投放。

2. 线下推广

(1) 书店活动

- 签售会：在大型书店举办签售会，邀请作者与读者面对面交流。提前在书店和社交媒体平台发布签售会信息，吸引读者前来参加。签售会现场可以设置展示区，展示图书的亮点和特色。同时，可以准备一些心理学相关的互动游戏，增加活动的趣味性。
- 讲座：在书店或图书馆举办心理学讲座，邀请作者或心理学专业人士作为主讲嘉宾。讲座内容可以围绕书中的主题展开，如“探索人类行为的奥秘：心理学的视角”。讲座结束后，可以进行图书推荐和销售。
- 读书分享会：组织读书分享会，邀请读者分享自己的读书心得和体会。可以在书店或社区活动中心举办，提前在相关渠道发布活动信息，吸引读者报名参加。分享会现场可以设置互动环节，让读者之间进行交流和讨论。

(2) 校园推广

在高校心理学系举办图书推荐活动，如学术讲座、读书分享会等。可以邀请作者或心理学专业人士为学生讲解心理学知识和图书内容。同时，可以在校园书店设置图书专架，进行重点推荐。还可以与学生社团合作，开展心理学相关活动，如心理学知识竞赛、心理剧表演等，在活动中推广图书。

3. 合作推广

(1) 与心理学专业机构合作

联合举办研讨会，邀请心理学专业人士和学者参加。研讨会主题可以围绕书中的内容展开，如“人类行为的奥秘：心理学的最新研究成果”。研讨会期间，可以进行图书推荐和销售。同时，可以与专业机构合作发布专业书评，提高图书的专业认可度。

(2) 与媒体合作

与心理学专业媒体、大众媒体合作，发布图书信息和专业书评。例如，在心理学专业杂志上发表书评，介绍图书的专业性和独特之处。同时，可以与大众媒体合作，进行图书推荐和广告投放。例如，在电视台、广播电台等媒体上进行图书推荐，吸引更多的读者关注。

4. 精准营销策略

（1）心理学专业人士

通过心理学专业论坛、学术会议等渠道进行推广，发布图书信息和专业书评。可以向心理学专业人士发送图书样章和优惠券，邀请他们购买和阅读。同时，可以与心理学专业机构合作，将图书作为机构的推荐读物，提高图书在专业领域的知名度。

（2）普通读者

通过社交媒体平台、线上读书会等渠道进行推广，发布心理学知识科普、图书亮点介绍等内容。同时，可以举办读者互动活动，如话题讨论、问答活动等，提高读者的参与度。最后，可以与书店、图书馆等机构合作，举办读书分享会、讲座等活动，吸引普通读者的关注。

（3）学生

在高校心理学系举办图书推荐活动，如学术讲座、读书分享会等。可以邀请作者或心理学专业人士为学生讲解心理学知识和图书内容。同时，可以在校园书店设置图书专架，进行重点推荐。还可以与学生社团合作，开展心理学相关活动，如心理学知识竞赛、心理剧表演等，在活动中推广图书。

5. 预算分配

- 线上推广：30%（社交媒体营销、线上读书会、专业平台推广等）。
- 线下推广：40%（书店活动、校园推广等）。
- 合作推广：20%（与心理学专业机构合作、与媒体合作等）。
- 其他费用：10%。

6. 效果评估

- 销量评估：通过出版社和书店的销售数据，评估图书的销量是否达到预期目标。
- 社交媒体评估：通过社交媒体平台的数据分析工具，评估粉丝增长数、互动率、话题热度等指标，评估社交媒体推广的效果。
- 活动评估：通过活动参与人数、反馈意见等指标，评估线下活动和合作推广的效果。

- 读者反馈评估：通过读者的书评、反馈意见等，评估读者对图书的满意度和认可度。

9.5 销售转化与渠道拓展

DeepSeek 在销售转化与渠道拓展方面展现了独特的赋能能力，它通过智能化技术和数据分析，可以为企业提供从客户获取到销售转化的全方位支持，主要具备以下特点。

1. 智能客户分析与获客

DeepSeek 能够通过分析客户的历史行为、偏好和需求，生成详细的客户画像，帮助销售人员更好地理解客户。它利用大数据和机器学习技术，识别潜在客户并预测其购买意向，从而助力企业精准定位目标客户，进而实现转化。例如，尘锋 SCRM 接入 DeepSeek 后，通过 AI 套电机器人，智能客服可以模仿人工对话，识别客户需求并引导客户留下个人资料，帮助企业锁定优质商机。

2. 自动化销售流程

DeepSeek 可以自动捕获、分类和分配销售线索，确保销售团队能够及时跟进高价值线索。它基于历史数据和市场趋势，预测销售业绩和客户需求，帮助制订更合理的销售计划。例如，企业通过 DeepSeek 优化销售流程后，将重复性任务（如填写客户跟进记录、资料维护）交给 AI 完成，从而提升了销售团队的效率。

3. 数据分析与销售优化

DeepSeek 提供实时的销售数据仪表盘，帮助销售团队随时掌握销售进展。它分析销售团队的表现，识别高绩效和低绩效的销售人员，并提供改进建议。此外，DeepSeek 还能够优化物流配送路线，提高物流配送效率，从而间接提升销售渠道的效率。

4. 全域销售协同

DeepSeek 能够实现线上线下多渠道的销售协同。它可以根据用户在不同渠道的行为数据，实现全渠道的用户画像统一，并针对不同渠道的特点，制定相应的销售策略，确保用户在各个渠道都能接收到连贯且个性化的销售信息。

请看下面的实战案例。

◎ 提示词

为出版社拓展一本新出版的儿童绘本《小动物的奇妙冒险》的销售渠道，除了传统的书店和网络书店外，探索更多创新性的销售渠道，如儿童教育机构、幼儿园、儿童主题餐厅、旅游景区书店等。制订针对不同渠道的销售合作方案，包括产品展示方式、促销活动设计、价格策略、库存管理、售后服务等细节，同时分析各渠道的销售潜力和目标客户群体特征，制订相应的市场推广计划，以提高绘本的市场覆盖率和销售量，输出一份详细的销售渠道拓展报告，包括合作意向书、合作协议模板以及销售预测数据等。

◎ DeepSeek 回复

以下是一份关于《小动物的奇妙冒险》儿童绘本的销售渠道拓展报告。

1. 销售渠道及合作方案

（1）儿童教育机构

- 产品展示方式：在教育机构的休息区或教室一角设置专门的绘本展示架，摆放绘本的实体书和宣传海报。同时，可提供电子版绘本供机构在教学设备上展示，吸引孩子们的注意力。
- 促销活动设计：与教育机构合作举办绘本阅读活动，邀请作者或专业讲述人进行现场讲解。活动期间购买绘本可享受折扣优惠或赠送相关小礼品，如绘本中的动物玩偶、贴纸等。
- 价格策略：给予教育机构一定的批发折扣，鼓励其批量采购。对于参与促销活动的绘本，可适当降低价格，以吸引更多家长购买。
- 库存管理：根据教育机构的预计销售量和采购周期制订合理的库存计划。定期与机构沟通，及时补货，确保库存充足。
- 售后服务：提供退换货服务，对于有质量问题或损坏的绘本及时处理。同时，收集教育机构和家长的反馈意见，不断改进产品和服务。

（2）幼儿园

- 产品展示方式：在幼儿园的图书馆、活动室或教室设置绘本展示区，将绘本整齐摆放，并制作精美的展示板来介绍绘本内容和特色。你还可以利用幼儿园的宣传栏、家长微信群等渠道进行宣传推广。

- 促销活动设计：与幼儿园合作开展绘本阅读月活动，在活动期间向家长推荐《小动物的奇妙冒险》，购买绘本的家长可获得幼儿园颁发的“阅读之星”奖状或小礼品。此外，可以组织绘本主题相关的亲子活动，如绘本角色扮演、绘画比赛等，增加家长和孩子对绘本的兴趣。
- 价格策略：针对幼儿园渠道，制定较为优惠的价格策略，如按一定比例给予幼儿园批发折扣，而对于购买一定数量绘本的家长，提供额外的折扣或赠品。
- 库存管理：根据幼儿园的班级数量、学生人数以及预计的购买率，确定合理的库存水平。定期与幼儿园沟通销售情况，及时补充库存，确保绘本的供应。
- 售后服务：提供完善的售后服务，对于幼儿园和家长反馈的问题及时解决。定期回访，了解家长和孩子对绘本的阅读体验和建议，不断优化产品。

（3）儿童主题餐厅

- 产品展示方式：在餐厅的儿童游乐区、餐桌旁或收银台附近设置绘本展示架，摆放绘本的实体书和宣传资料。同时，可以在餐厅的菜单上添加绘本推荐信息，吸引家长和孩子的关注。
- 促销活动设计：与餐厅合作推出绘本套餐，购买套餐的顾客可获得《小动物的奇妙冒险》绘本一本或享受一定的折扣优惠。此外，可以在餐厅举办绘本主题相关的亲子活动，如绘本故事会、手工制作等，提升顾客的参与度和消费体验。
- 价格策略：根据餐厅的定位和目标客户群体，制定合理的价格策略。对于参与活动的绘本，可以给予一定的折扣优惠，同时与餐厅协商合理的利润分配方案。
- 库存管理：根据餐厅的客流量和预计的销售量，制订库存计划。定期与餐厅沟通销售情况，及时补货，确保绘本的供应充足。
- 售后服务：提供良好的售后服务，对于顾客反馈的问题及时处理。同时，与餐厅保持密切合作，不断优化产品和服务，提高顾客的满意度。

（4）旅游景区书店

- 产品展示方式：在旅游景区书店的显眼位置设置绘本专区，将《小动物的奇妙冒险》绘本进行重点展示。利用精美的陈列和宣传海报吸引游客的注意力，同时可以提供一些与旅游景区相关的绘本故事背景介绍，激发游客的购买兴趣。

- 促销活动设计：结合旅游景区的特点和游客的需求，设计促销活动。例如，在旅游旺季推出绘本折扣优惠、买一送一等活动，吸引游客购买。同时，可以与旅游景区合作举办绘本主题相关的活动，如绘本故事会、绘画比赛等，提升游客的参与度和消费体验。
- 价格策略：根据旅游景区书店的定位和目标客户群体，制定合理的价格策略。在旅游旺季可以适当提高价格，但在淡季可以推出一些促销活动，吸引游客购买。
- 库存管理：根据旅游景区的客流量和销售旺季、淡季的特点，制订库存计划。在旅游旺季前增加库存，确保绘本的供应充足；在淡季适当减少库存，降低库存成本。
- 售后服务：提供良好的售后服务，对于游客反馈的问题进行及时处理。同时，与旅游景区书店保持密切合作，不断优化产品和服务，提高游客的满意度。

2. 渠道销售潜力与目标客户群体分析

仅以儿童教育机构为例。

- 销售潜力：儿童教育机构通常有稳定的生源和家长群体，且家长对孩子的教育和阅读需求较为重视，具有较高的购买意愿和消费能力。通过与教育机构的合作，可以精准地触达目标客户群体，提高绘本的销售量和市场覆盖率。
- 目标客户群体特征：主要是3～12岁儿童及其家长，家长通常具有较高的教育水平和收入水平，注重孩子的综合素质培养和阅读兴趣的激发。

9.6 图书库存管理

DeepSeek在图书库存管理方面展现了独特的赋能能力，它通过智能化技术和数据分析，可以显著提升管理效率和精准度，主要具备以下特点。

1. 智能库存监控与预测

DeepSeek 能够实时监控图书库存水平，并结合历史销售数据和市场趋势进行精准预测。通过分析库存变动和市场需求，DeepSeek 可以自动触发补货提醒，并提供最佳补货数量和补货时间建议，确保库存始终处于合理水平。

2. 自动化流程优化

在图书入库和出库环节，DeepSeek 可以快速识别图书信息，自动分配最优存储位置，减少人工操作的时间和错误。同时，它能够智能规划拣货路径，指导工作人员快速完成拣货任务，提高出库效率。

3. 智能决策支持

DeepSeek 为库存管理提供了全面的数据支持，以帮助管理者做出更科学的决策。例如，在库存布局规划方面，它可以根据图书的种类、出入库频率和存储要求，通过模拟不同布局方案，评估其对管理效率和成本的影响，从而提供最优的库存布局建议。

4. 多模态数据处理

DeepSeek 具备多模态信息处理能力，能够集成结构化和非结构化的数据，如图书的规格、数量、仓储环境描述等。这种能力使得库存管理更加全面和高效。

5. 实时仓储条件监控与预警

DeepSeek 能够对库存进行实时监控，确保图书在最佳仓储条件下保存，并在发现问题时及时发出预警。

请看下面的实战案例。

◎ 提示词

针对现有的一批库存图书，包括不同种类、不同出版时间和不同销售情况的图书，制定一套科学合理的库存管理策略。策略要涵盖库存盘点（定期盘点和不定期抽查的方式及频率）、库存分类管理（根据销售速度、利润贡献、市场需求等因素将库存图书分为 A、B、C 三类，分别采取不同的管理措施）、库存预警机制（设定库存上下限，当库存达到预警值时及时采取补货或促销措施）、库存周转率提升方法（如优化采购计划、加强销售数据分析、开展库存清理活动等）等内容。通过有效的库存管理，降低库存成本，提高资金使用效率，同时确保图书的供应满足市场需求。输出一份详细的库存管理方案，包括相关数据报表和操作流程图。

◎ DeepSeek 回复

以下是一套针对出版社库存图书的管理方案。

1. 库存盘点

（1）定期盘点

- 全面盘点：每季度末进行一次全面盘点，盘点时间安排在季度最后一个月的最后一个周末。盘点前一周通知相关部门：停止图书的出入库操作。盘点人员包括仓库管理人员、财务人员和出版社内部审计人员。仓库管理人员负责准备盘点工具和盘点表，财务人员负责核对账目，审计人员负责监督盘点过程。盘点时，按照图书的种类、出版时间和存放位置等进行逐一清点，确保每本书都被准确计数，并记录在盘点表上。盘点结束后，将盘点结果与库存账目进行核对，如有差异，分析原因并及时调整账目。
- 重点盘点：每月末对销售速度较快、库存量较大的热门图书进行重点盘点。盘点人员由仓库管理人员和销售部门人员组成。销售部门提供热门图书的销售数据和库存需求预测，仓库管理人员根据这些信息确定重点盘点的图书范围。盘点过程与全面盘点类似，但更加注重对热门图书的数量和质量的检查，确保能够满足市场需求。

（2）不定期抽查

- 随机抽查：每周随机抽取一定比例的图书，比例根据库存总量和图书种类确定，一般为库存总量的5%～10%。抽查人员由仓库管理人员和质量控制人员组成。抽查时，使用随机数生成器确定抽查的图书种类和存放位置，然后进行实地检查，核对图书的数量、品种和质量是否与库存记录一致。如发现问题，及时进行处理和记录，并分析原因，采取相应的改进措施。
- 专项抽查：在接到读者投诉、市场反馈或发现库存异常波动时，进行专项抽查。抽查人员由仓库管理人员、质量控制人员和相关部门人员组成。根据投诉或反馈的信息，确定专项抽查的图书范围和重点检查内容，如图书的质量、版本、印刷等问题。对抽查结果进行详细记录和分析，及时解决问题，并向相关部门和领导汇报。

2. 库存分类管理

（1）分类标准

- A 类图书：销售速度快，月销售量占库存总量的 70% 以上；利润贡献高，毛利率在 50% 以上；市场需求旺盛，经常出现缺货现象。
- B 类图书：销售速度适中，月销售量占库存总量的 20% ～ 30%；利润贡献一般，毛利率在 30% ～ 50%；市场需求相对稳定。
- C 类图书：销售速度慢，月销售量占库存总量的 10% 以下；利润贡献低，毛利率在 30% 以下；市场需求较小，库存积压风险较高。

（2）管理措施

- A 类图书：实行重点管理，每天进行库存监控，确保库存数量满足市场需求。采用小批量、多批次的采购方式，与供应商建立紧密的合作关系，确保及时补货。加强与销售部门的沟通，及时调整销售策略，提高销售效率。对 A 类图书的库存进行严格的质量控制，确保图书的质量符合标准。
- B 类图书：进行适度管理，每周进行库存监控，根据销售情况和库存水平，合理安排采购计划。与供应商保持良好的合作关系，争取一定的价格优惠和交货期保障。定期对 B 类图书的销售数据进行分析，优化销售策略，提高销售业绩。
- C 类图书：实行宽松管理，每月进行库存监控，根据市场需求和库存情况，适当减少采购量或停止采购。对 C 类图书进行清理和促销活动，如打折销售、捆绑销售等，以降低库存成本。对于长期积压的 C 类图书，可以考虑与图书馆、学校等机构合作，进行捐赠或低价销售。

3. 库存预警机制

（1）设定库存上下限

- A 类图书：库存上限为满足市场需求的 1.2 倍，库存下限为满足市场需求的 0.8 倍。
- B 类图书：库存上限为满足市场需求的 1.5 倍，库存下限为满足市场需求的 0.5 倍。

- C 类图书：库存上限为满足市场需求的 2 倍，库存下限为满足市场需求的 0.3 倍。

（2）预警方式

- 系统预警：使用库存管理系统，实时监控库存水平。当库存达到预警值时，系统自动发出警报，提醒相关人员采取措施。
- 人工预警：仓库管理人员每天对库存进行检查，如发现库存接近预警值，及时通知采购部门和销售部门。

（3）应对措施

- 补货措施：当库存低于下限时，采购部门立即与供应商联系，下达采购订单，确保及时补货。同时，优化采购流程，缩短采购周期，提高采购效率。
- 促销措施：当库存高于上限时，销售部门制订促销计划，通过打折、满减、赠品等方式，加快图书的销售速度，降低库存水平。同时，加强市场推广和宣传，提高图书的知名度和美誉度。

4. 库存周转率提升方法

（1）优化采购计划

- 需求预测：根据历史销售数据、市场趋势和读者需求，进行科学的需求预测，制订合理的采购计划。采购计划应考虑季节性因素、出版周期和库存水平等因素，确保采购的图书数量和品种能够满足市场需求，同时避免库存积压。
- 供应商管理：与供应商建立长期稳定的合作关系，定期评估供应商的绩效，选择优质的供应商进行合作。与供应商协商合理的交货期和价格，确保及时供货和成本控制。同时，与供应商共享销售数据和库存信息，实现信息共享和协同管理。

（2）加强销售数据分析

- 销售数据收集：建立完善的销售数据收集系统，收集图书的销售数量、销售时间、销售地区、销售渠道等信息。同时，收集读者的反馈和评价，了解读者的需求和偏好。
- 销售数据分析：定期对销售数据进行分析，包括销售趋势分析、销售结构分析、读者需求分析等。通过数据分析，发现销售规律和问题，为销售策略的制定和调整提供依据。例如，根据销售趋势分析，预测未来的销售需求，提前调整库存；根据销售结构分析，优化图书的种类和品种，提高销售效率。

（3）开展库存清理活动

- 定期清理：每半年进行一次库存清理活动，对滞销图书、残次图书和过期图书进行清理。清理方式包括打折销售、捆绑销售、捐赠等。通过库存清理活动，降低库存成本，提高库存周转率。
- 促销活动：结合节假日、图书展销会等时机，开展促销活动，如打折、满减、赠品等。通过促销活动，吸引读者购买，加快图书的销售速度，提高库存周转率。

5. 相关数据报表

（1）库存盘点报表

- 盘点日期：记录每次盘点的具体日期。
- 盘点人员：记录参与盘点的人员的姓名和部门。
- 盘点结果：记录每种图书的实际库存数量、账面库存数量和差异数量。
- 差异分析：对盘点结果中的差异数量进行分析，找出差异原因，并提出改进措施。

（2）库存分类报表

- 图书种类：记录每种图书的名称、作者、出版社等信息。
- 分类结果：根据销售速度、利润贡献和市场需求等因素，将每种图书分为 A、B、C 三类。
- 库存数量：记录每种图书的库存数量。
- 销售数据：记录每种图书的销售数量、销售金额和销售趋势。

（3）库存预警报表

- 图书名称：记录触发预警的图书名称。
- 预警类型：记录是库存上限预警还是库存下限预警。
- 预警日期：记录预警触发的具体日期。
- 库存数量：记录触发预警时的库存数量。
- 应对措施：记录采取的应对措施，如补货、促销等。

（4）库存周转率报表

- 图书种类：记录每种图书的名称、作者、出版社等信息。
- 库存周转率：计算每种图书的库存周转率，反映图书的销售速度和库存管理水平。
- 销售数据：记录每种图书的销售数量、销售金额和销售趋势。
- 库存数据：记录每种图书的库存数量、库存金额和库存周转天数。

6. 操作流程图

（1）库存盘点流程图

- 开始阶段：制订盘点计划。
- 准备阶段：盘点人员安排、盘点工具准备、盘点通知发布。
- 盘点阶段：图书清点、数据记录、差异分析。
- 结束阶段：盘点结果汇总、账目调整、盘点报告编写。

（2）库存分类管理流程图

- 开始阶段：图书信息收集。
- 分类阶段：根据销售速度、利润贡献和市场需求等因素进行分类。
- 管理阶段：对A、B、C三类图书采取不同的管理措施。
- 结束阶段：分类结果汇总、管理措施实施、分类报告编写。

（3）库存预警流程图

- 开始阶段：库存监控。
- 预警阶段：库存达到预警值时，系统或人工发出警报。
- 应对阶段：根据预警类型，采取补货或促销措施。
- 结束阶段：汇总预警处理结果、调整库存、编写预警报告。

（4）库存周转率提升流程图

- 开始阶段：库存周转率分析。
- 优化阶段：优化采购计划、加强销售数据分析、开展库存清理活动。
- 提升阶段：库存周转率提高、库存成本降低、资金使用效率提高。
- 结束阶段：库存周转率提升结果汇总、优化措施实施、提升报告编写。

通过以上库存管理方案的实施，可以有效地降低库存成本，提高资金使用效率，同时确保图书的供应满足市场需求。在实施过程中，需要不断优化和完善管理措施，加强各部门之间的沟通和协作，确保库存管理工作的顺利进行。

第10章 CHAPTER

使用 DeepSeek 高效处理外贸业务

10.1 海关数据获取和管理

DeepSeek 在海关数据获取和管理方面展现了独特的赋能能力，通过智能化技术和数据分析，为海关业务的智能化升级提供了有力支持，主要具备以下特点。

1. 智能知识库与对话引擎

DeepSeek 通过大语言模型构建智能对话引擎，帮助海关关员快速获取业务知识、法律法规等信息。该引擎支持多轮对话、智能推荐和自动分析等功能，极大提升了海关关员的工作效率。

2. 数据处理与优化

DeepSeek 能够处理海量、复杂、异构的海关数据，包括进出口记录、贸易伙伴信息、货物分类等。通过智能清洗、转换和整合，DeepSeek 为海关管理提供了高质量的数据支持。

3. 智能预测与风险预警

DeepSeek 利用先进的机器学习算法，对海关数据进行深度挖掘和分析，实现对进出口业务的精准预测和风险预警。例如，系统可以实时监控库存水平，预测市场需求波动，并自动生成优化建议。

4. 智能供需匹配

DeepSeek 构建了基于大数据的智能供需匹配平台，整合供应商和采购方的需求信息，利用 AI 算法实现精准匹配。这不仅提高了海关业务的效率，还减少了人工干预。

5. 数据可视化与决策支持

DeepSeek 通过数据可视化工具，将复杂的数据转化为直观的报表和图表，帮助海关管理者实时掌握运营状况。基于数据分析结果，系统提供优化建议，如通关流程优化、风险防控策略等，辅助科学决策。

6. 技术适配与国产化支持

DeepSeek 与国产硬件平台（如海光 DCU）完成适配，确保在国产硬件生态中的高效运行。这种适配不仅提升了模型的推理效率，还为海关业务的国产化转型奠定了基础。

请看下面的实战案例。

◎ 提示词

请分析 2023 年越南进口 [产品 HS 编码] 数据：

1. 按季度统计 TOP10 进口商
2. 标注有中国采购记录的企业
3. 输出联系人挖掘方案

◎ DeepSeek 回复

根据提供的搜索结果，关于越南 2023 年进口 HS 编码 ×××××××××××（推测为电话机或相关零部件类商品）的具体数据并未直接呈现，但结合其他相关贸易信息及企业采购行为，可提供以下分析框架和建议。

1. 按季度统计 TOP10 进口商

由于搜索结果中未明确列出 2023 年各季度 HS 编码 ××××××××××的进口商排名，但通过越南整体的贸易结构和企业采购特征，可推测以下类型企业可能为潜在主要进口商：

（1）电子制造企业

如三星电子越南公司、DENSO 越南公司等，这些企业长期进口电子零部件，可能涉及通信设备组件。

（2）通信设备组装企业

如诺基亚越南、华为越南分公司等，其业务需大量采购手机及配件。

（3）跨国贸易公司

如 Micro Shine Vina、Wooree Vina 等，活跃于电子和电气产品贸易。

建议获取完整数据途径：通过越南海关总局或第三方贸易数据库（如格兰德、GTA）调取 2023 年分季度 HS 8517130000 进口商排名。

2. 标注有中国采购记录的企业

根据越南与中国的贸易结构，以下企业可能涉及从中国采购相关产品：

（1）三星电子越南公司

越南电子制造业龙头，主要从中国进口集成电路、通信设备零件等。

（2）ARIES 科技有限公司

该公司从中国采购智能家居设备（如 LED 灯、传感器），虽未直接关联 HS 8517130000，但供应链可能覆盖通信组件。

（3）中国钢铁住友越南公司

虽主营钢铁，但子公司可能涉及多元化采购，需进一步验证。

标注方法：结合海关数据中的“原产国”字段筛选中国供应商记录，重点关注越南进口商的采购来源国。

3. 联系人挖掘方案

针对目标进口商的关键联系人挖掘，可采取以下策略：

（1）利用贸易数据库

通过格兰德、易之家（Tradesns）等平台获取企业采购负责人、采购部门邮箱及电话。

（2）企业官网与 LinkedIn

搜索企业官网“联系我们”页面或 LinkedIn 高管信息，定位采购经理、供应链总监等职位。

（3）行业展会与协会

关注越南通信及电子展会（如 Vietnam ICT COMM），获取参展企业名录及联系人。

（4）海关数据服务商

联系瀚闻资讯等机构，购买包含交易记录和联系方式的定制化报告。

（5）邮件模板与话术设计

示例邮件主题："合作询盘：HS 8517130000 组件供应洽谈"，内容需突出产品合规性、价格优势及中国供应链支持。

4. 数据补充建议

若需更精准的2023年季度数据，建议：

- 采购越南海关数据：直接购买分季度HS编码进口记录，费用为3000～5000美元/年。
- 委托第三方调研：通过咨询公司（如麦肯锡、波士顿咨询）获取定制化分析报告。

以上方案结合了现有搜索结果中的贸易结构、企业名单及数据获取渠道，实际执行需进一步验证数据时效性和企业匹配度。

10.2 跨文化谈判

DeepSeek在跨文化谈判方面展现了独特的赋能能力，通过智能化技术和多语言支持，显著提升了谈判效率和成功率，主要具备以下特点。

1. 多语言支持与文化适配

DeepSeek支持多语言实时互译，并能够根据目标市场的文化特点优化沟通话术。例如，它能够自动生成符合当地商务礼仪的邮件模板，确保在跨文化沟通中避免文化冲突。这种能力在与不同国家的客户进行谈判时尤为重要，能够帮助外贸人员更好地理解和适应对方的文化背景。

2. 实时翻译与沟通支持

在跨文化谈判中，语言障碍是一个常见的问题。DeepSeek通过其强大的多语言处理能力，提供实时翻译支持，确保信息的准确传达。这不仅提高了沟通效率，还减少了因语言误解而导致的谈判风险。

3. 谈判策略与技巧建议

DeepSeek能够根据目标市场和客户特点提供针对性的谈判策略和技巧。例如，外贸人员可以咨询“与日本客户进行贸易谈判的注意事项和策略”，DeepSeek会提供详细的建议。这种功能帮助外贸人员更好地准备谈判，提高成功率。

4. 精准客户信息获取

在谈判前，DeepSeek可以帮助外贸人员获取潜在客户的详细信息，包括企业背景、关键决策人及其联系方式。通过输入产品关键词和目标市场，DeepSeek能够快速筛选出潜在客户名单，并提供精准匹配。这有助于外贸人员在谈判前做好充分准备，提高谈判的针对性和有效性。

5. 邮件优化与沟通效率提升

DeepSeek能够优化外贸邮件内容，提高邮件的打开率和转化率。它可以根据不同的客户群体生成个性化的邮件内容，确保邮件内容符合目标市场的文化和商业习惯。这种功能在与国际客户沟通时尤为重要，能够提升外贸人员的沟通效率和专业形象。

6. 市场趋势分析与决策支持

DeepSeek通过数据分析能力，为外贸人员提供市场趋势和行业动态的实时信息。这有助于外贸人员在谈判中更好地把握市场动态，制定更合理的谈判策略。例如，通过分析竞争对手的主要客户群，外贸人员可以制定针对性的市场策略，提高订单成交率。

请看下面的实战案例。

◎ 提示词

我是做玉石批发出口的，请帮我列出该领域前十大进口国，并参考下方举例，列出跨文化谈判的注意事项和策略。

- ❑ 德国客户：直接附技术参数对比表。
- ❑ 印度客户：插入价格有效期倒计时。
- ❑ 巴西客户：添加WhatsApp语音留言按钮。

◎ DeepSeek 回复

以下是玉石批发出口领域前十大进口国：

中国

美国
澳大利亚
加拿大
日本
俄罗斯
巴西
南非
印度
缅甸
以下是跨文化谈判的注意事项和策略。

国家	注意事项	策略
德国	注重细节和准确性，对技术参数要求严格	直接附技术参数对比表，突出产品的优势和特点
印度	对价格较为敏感，喜欢讨价还价	插入价格有效期倒计时，制造紧迫感，促使客户尽快下单
巴西	喜欢使用即时通信工具，沟通较为随意	添加 WhatsApp 语音留言按钮，方便客户随时联系，增强沟通的便捷性
美国	注重效率和结果，喜欢直截了当的沟通方式	提供简洁明了的产品介绍和报价，突出产品的性价比和优势
澳大利亚	对环保和可持续发展较为关注	强调产品的环保特性和可持续发展优势，提供相关的认证和报告
加拿大	注重产品质量和安全性	提供详细的产品质量检测报告和安全认证，确保产品符合加拿大的相关标准
日本	注重礼仪和尊重，对产品包装和外观要求较高	提供精美的产品包装和外观设计，注重细节和品质，体现对客户的尊重
俄罗斯	对产品的耐用性和实用性较为关注	强调产品的耐用性和实用性，提供相关的测试报告和用户评价
南非	对产品的价格和质量较为关注，喜欢比较不同供应商的产品	提供具有竞争力的价格和高质量的产品，突出产品的性价比和优势
缅甸	对玉石文化有深厚的理解和认识，注重产品的文化内涵	强调产品的文化内涵和历史渊源，提供相关的文化背景和故事，增加产品的吸引力

10.3　全球物流预警

DeepSeek 在全球物流预警方面展现了独特的赋能能力，通过智能化技术和数据分析，显著提升了物流行业的风险预警和应对效率，主要具备以下特点。

1. 风险预测与预警

DeepSeek 能够通过分析历史数据和实时信息，提前识别供应链中的潜在风险。例如，它可以通过监控全球港口动态、天气数据和劳工新闻，识别异常信号（如港口罢工或台风路径预测），并提前预警。

2. 运输路线优化

DeepSeek 可以分析多种运输方案，结合实时交通状况、货物类型和运输成本等因素，生成最经济、最安全的运输路线。这种动态路径规划能力不仅降低了运输成本，还提高了物流效率。

3. 智能调度与资源管理

DeepSeek 能够根据货物类型、运输时间等因素，智能调度运输车辆，优化资源分配。此外，它还可以通过分析历史数据，预测未来商品的需求量，帮助物流企业合理安排库存，减少库存积压和缺货情况。

4. 供应链可视化与协同

DeepSeek 通过整合供应商交付数据、物流时效等信息，提升供应链的可视化和协同效率。企业可以实时了解供应商的生产状况、库存情况和交货计划，实现紧密沟通和协同作业。

5. 智能仓储管理

DeepSeek 能够优化仓库内货物的存储位置，提高存储效率。它还可以根据库存情况生成自动化指令，指导机器人进行货物搬运。此外，DeepSeek 通过分析历史销售数据和市场需求预测，提供精准的库存预警和补货建议。

6. 数据分析与决策支持

DeepSeek 强大的数据处理和分析能力，可以为物流企业提供深入的洞察。它能够将复杂的数据转化为易于理解的图表，为决策者提供依据。这种能力不仅提升了供应链的响应速度，还帮助企业更好地应对市场变化。

7. 多模态数据融合

DeepSeek 支持多模态数据融合，能够整合文本、图像、时序数据等多种信息，为物流企业提供更全面的数据支持。这种能力在物流行业的应用，推动了行业向智能化和自动化方向发展。

请看下面的实战案例。

◎ 提示词

从上海到迪拜的货运航线未来有哪些风险，请结合今天的最新新闻进行分析。

◎ DeepSeek 回复

以下是结合最新新闻对上海到迪拜的货运航线未来可能面临的风险分析。

1. 地缘政治风险

- 地区冲突影响：红海地区局势持续紧张，尽管以色列和哈马斯之间最近达成了停火协议，但安全风险仍然很高，这可能导致航运公司改道好望角，增加运输时间和成本，进而影响上海到迪拜的货运航线。
- 贸易政策变化：美国对中国进口商品的关税政策存在不确定性，可能影响中国对美国的出口，进而波及上海到迪拜航线上的货物运输量和运输成本。

2. 市场需求风险

- 全球经济形势：全球经济增速放缓可能影响国际贸易需求，导致货运量减少。特别是如果主要经济体出现衰退，对各类商品的需求下降，将直接影响上海到迪拜货运航线的业务量。
- 行业竞争加剧：随着航空货运市场的不断发展，竞争对手可能增加新的航线或增加运力，导致市场竞争加剧，可能会影响上海到迪拜航线的市场份额和盈利能力。

3. 运营成本风险

- 燃油价格波动：燃油是航空货运的主要成本之一，国际油价的波动会直接影响运营成本。如果油价上涨，将增加货运航线的运营成本，可能导致运费上涨，影响竞争力。
- 劳动力成本上升：随着全球劳动力市场的变化，劳动力成本可能上升，包括飞行员、地勤人员等的工资和福利待遇提高，这将增加货运航线的运营成本。

4. 其他风险

- 恶劣天气影响：亚洲和中东地区可能会受到恶劣天气的影响，如台风、沙尘暴等，导致航班延误或取消，影响货物的运输时效性。

- 港口拥堵问题：亚洲和欧洲的主要转运港口都出现了拥堵，而北美港口，尤其是美国西海岸的港口，也因旺季提前到来和农历新年前的提前发货而出现拥堵。这种港口拥堵情况可能会持续，影响上海到迪拜货运航线的货物中转和运输效率。

综上所述，上海到迪拜的货运航线未来面临的风险主要包括地缘政治风险、市场需求风险、运营成本风险以及其他风险。这些风险可能会对航线的运营和盈利能力产生影响，需要相关企业和机构密切关注市场动态，采取有效的应对措施。

10.4 纠纷解决话术

DeepSeek 在纠纷解决话术方面展现了独特的赋能能力，通过多语言支持、智能翻译、谈判策略建议等功能，显著提升了外贸沟通的效率和成功率，主要具备以下特点。

1. 多语言支持与实时翻译

DeepSeek 支持 100 多种语言的实时翻译，能够准确传达信息，避免因语言障碍导致的误解。这种能力在与不同国家的客户进行沟通时尤为重要，确保外贸人员能够清晰、准确地表达自己的意图。

2. 解决贸易难题

DeepSeek 可以提供多种解决方案和应对话术，帮助外贸人员妥善处理贸易纠纷。例如，当客户因产品质量问题要求退货时，DeepSeek 能够提供多种应对方案，帮助外贸人员在维护客户关系的同时，保障自身利益。

3. 客户背景调查与风险评估

DeepSeek 能够协助外贸人员调查客户的信誉和经营状况，避免与不良客户合作。此外，它还可以分析特定市场或客户的贸易风险，帮助外贸人员提前做好防范措施。

4. 智能话术生成

DeepSeek 可以根据外贸人员的需求，生成高质量的沟通话术。例如，在撰写推广文案或处理客户投诉时，DeepSeek 能够根据产品特点、目标受众和平台风格，创作出吸引人的文案。

请看下面的实战案例。

◎ 提示词

我是中国打火机出口商，有一批货因印度第三方物流方管理不当受潮，目前美国采购方来追责，尽量避免经济损失，且不想给第三方物流带来过多麻烦，因为也有朋友关系，请给我处理策略，要符合各自的文化背景和商务规则。

◎ DeepSeek 回复

以下是符合各自文化背景和商务规则的处理策略。

1. 与美国采购方沟通协商

- 迅速回应，表达歉意：在美国商务文化中，时间观念强，重视效率和信誉。第一时间向美国采购方表达诚挚歉意，承认问题并表明积极解决的态度，能够体现对合作关系的重视和对问题的负责精神。
- 提供解决方案：根据货物受损程度和采购方的需求，提出切实可行的解决方案，如补发货物、提供折扣、赔偿部分损失等。同时，明确解决方案的时间表和具体步骤，以满足美国商务文化中对明确性和可操作性的要求。
- 强调合作意愿：在沟通过程中，强调双方长期合作关系的重要性，表明此次事件是个别意外，不会影响未来合作。美国商务文化注重长期合作关系和互利共赢，这有助于缓解采购方的不满情绪，增强双方继续合作的信心。

2. 与印度第三方物流方协商

- 私下沟通，避免公开指责：在印度文化中，面子和人际关系非常重要。私下与第三方物流方沟通，避免在公开场合指责对方，能够保护对方的面子，维护双方的关系。
- 共同承担责任，寻求解决方案：在沟通中，不要过于强调对方的责任，而是采用合作的态度，共同探讨解决方案。可以提出一些具体的建议，如共同承担部分损失、改进物流管理措施等，以体现双方共同解决问题的意愿。

- 借助第三方调解：如果双方在协商过程中出现分歧，可以考虑借助第三方调解，如行业协会、商会或专业的调解机构。第三方调解在印度商务文化中较为常见，能够帮助双方找到一个平衡点，达成共识。

3. 后续预防措施

- 加强质量控制：在货物出口前，加强质量控制，确保货物符合标准。可以增加货物的防潮包装，或者在货物运输前进行严格的检查和测试，以避免类似问题再次发生。
- 选择可靠的物流合作伙伴：在选择第三方物流合作伙伴时，要进行充分的调查和评估，选择信誉良好、管理规范的物流公司。可以参考其他企业的经验，或者通过行业协会等渠道获取相关信息。
- 签订详细合同：在与第三方物流方签订合同时，要明确双方的权利和义务，特别是对货物的保管、运输和保险等方面的责任要进行详细规定。同时，要明确违约责任和赔偿条款，以便在出现问题时有据可依。

通过以上策略，可以在尽量避免经济损失的同时，维护与美国采购方和印度第三方物流方的关系，促进长期合作。

推荐阅读

智能体
设计指南
AGENT
成为提示词高手
和AI Agent设计师

AI时代，不会用AI等于主动降薪
KIMI
高效办公
AI 10倍提升工作效率的
方法和技巧
机械工业出版社

豆包
高效办公
AI 10倍提升工作效率的
方法与技巧
机械工业出版社

DeepSeek
使用指南
全职业场景应用实践

高效使用
DeepSeek
实现智能、高效、创新的效率指南

A COMPREHENSIVE GUIDE TO
LARGE LANGUAGE
MODELS
一本书读懂
大模型
技术创新、商业应用
与产业变革
机械工业出版社

一本书读懂
AI Agent
技术、应用与商业
机械工业出版社

Prompt魔法
提示词工程
与ChatGPT行业应用
机械工业出版社

AIGC
智能营销
4A模型驱动的
AI营销方法与实践
AI
Marketing
机械工业出版社